策劃人的話
更多彩的自然派風土

《自然》策劃人

林裕森 Yusen Lin

以葡萄酒為專業的自由作家。巴黎第十大學葡萄酒經濟與管理碩士、法國葡萄酒大學侍酒師文憑、東海大學哲學系，自況為「逐美酒佳餚而居」的「游牧型」文字工作者，主要作品包括：《弱滋味》、《布根地葡萄酒》《西班牙葡萄酒》、《葡萄酒全書》、《開瓶》、《城堡裡的珍釀》、《美饌巴黎》。

個人部落格：www.yusen.tw

這是一本特別為自然派葡萄酒所策劃的葡萄酒誌。自然酒是近年來葡萄酒世界裡討論度最高的議題，什麼是自然酒？該如何定義？是現下全球葡萄酒迷們最為困惑也最感興趣的主題。在台灣耕耘自然派葡萄酒書主題多年的「喝 自然 Buvons Nature」酒展，和專業葡萄酒出版社「積木文化」聯手合作《飲‧自然》專刊，為喜愛葡萄酒的讀者們爬梳自然派發展的定位和實況。

當人工智慧、大數據和雲端運算正在翻轉世界，改變人類未來的同時，葡萄酒世界中卻正興起一股從反省現代釀酒科技出發，師法自然，反璞歸真的逆向潮流。不單單只是強調與自然秩序相合的自然動力農法越來越盛行，葡萄酒的釀造也一樣興起了減少添加，降低人為干擾的風潮。在全球化的歷程中，廠牌經營以及市場行銷改變了傳統葡萄酒業的版圖，全球化的葡萄酒口味也對地方傳統風味帶來威脅，但同時，卻也對比出「Terroir」的珍貴處，這個類似於地方風土特產的概念，已經是今日葡萄酒世界中普遍被接受的核心價值，無論是新、舊世界的釀酒師都常自稱是風土的僕人，即便是混調產區也常自稱是調配多重風土的結晶。

在風土的理念下，一瓶精彩的葡萄酒除了釀得好喝之外，還須具備地方風土特性，或者所謂的地方感：一種來自原產土地，別於他處的珍貴風味。當葡萄酒業對風土的關注度越來越高，葡萄園的重要性就越來越關鍵，可能改變或遮蔽葡萄園特質與風味的釀酒技術，都必然地要被視為風土的障礙。強調少添加少干預的自然派釀造理念，便成為了真實呈顯風土原貌的最佳方法，無論是否為自然派釀酒師，都是不得不遵循與跟隨的時代風潮。

在自然派的發展過程，現代釀酒學發展之前的一些古法開始被找回，如在陶罐中釀造，白葡萄泡皮發酵，採行氧化式培養，黑、白葡萄混釀，漂浮酒花培養，不去梗整串發酵，沒有澄清過濾等等，都已經逐漸運用在實際的釀造上，在各地釀成了類型跟風味都更多樣的葡萄酒，甚至也開始建立了新的風土滋味。例如在義大利東北部的 Collio 產區，三十年的發展已經成為現代橘酒的起源地與經典產區，橘酒並沒有取代原有的 Collio 白酒，卻讓當地的葡萄酒面貌變得更熱鬧多彩。

這些因為自然派而重新再現的古酒滋味，或許和現時的經典有所不同，但帶著傳統根源的新嘗試為葡萄酒迷們帶來了許多既復古卻又新潮的迷人滋味。

撰稿團隊

Leona 王琪

定居英國，WSET 四級。主業是倫敦葡萄酒培訓公司（WineEd）的教育訓練經理，副業是葡萄酒翻譯與寫作。

Ingrid 林孝恂

葡萄酒自由工作者，執行形形色色葡萄酒專案。

潘芸芝

自由文字工作者

魏嘉儀

飲品書籍譯者與編輯，現為自由文字工作者。

飲・自然 Natural Wine

獻給自然派愛好者的葡萄酒誌 no.1

Content

飲饌風流 VV0088

飲・自然 Natural Wine
獻給自然派愛好者的葡萄酒誌 no.1

策　劃　人／林裕森
共 同 企 劃／「喝 自然」
專 題 企 劃／林孝恂
採 訪 撰 文／王琪、林裕森、林孝恂、潘芸芝、
　　　　　　魏嘉儀、餐桌有酒、積木文化

總　編　輯／王秀婷
編 輯 助 理／梁容禎
版　　　權／張成慧
廣告、行銷業務／黃明雪

發　行　人／凃玉雲
出　　　版／積木文化
104 台北市民生東路二段 141 號 5 樓
FB 粉絲團：積木生活實驗室
官方部落格：http://cubepress.com.tw/
電話：(02) 2500-7696　傳眞：(02) 2500-1953
讀者服務信箱：service_cube@hmg.com.tw

發行／英屬蓋曼群島商家庭傳媒股份有限公司城
　　　邦分公司
台北市民生東路二段 141 號 11 樓
讀者服務專線：(02)25007718-9
24 小時傳眞專線：(02)25001990-1
服務時間：週一至週五上午 09:30-12:00、
　　　　　下午 13:30-17:00
郵撥：19863813　戶名：書虫股份有限公司
網站：城邦讀書花園　網址：www.cite.com.tw

香港發行所：城邦（香港）出版集團有限公司
香港灣仔駱克道 193 號東超商業中心 1 樓
電話：852-25086231　傳眞：852-25789337
電子信箱：hkcite@biznetvigator.com

馬新發行所／城邦（馬新）出版集團
Cite (M) Sdn Bhd 41, Jalan Radin Anum, Bandar
Baru Sri Petaling, 57000 Kuala Lumpur,
Malaysia.
電話：603-90578822　傳眞：603-90576622
email: cite@cite.com.my

美術設計／陳品蓉
製版印刷／韋懋實業有限公司
2019 年 12 月 12 日 初版一刷
Printed in Taiwan.
售價／249 元
ISBN 978-986-459-216-6
版權所有・翻印必究

國家圖書館出版品預行編目 (CIP) 資料

飲自然 . 葡萄酒的革新運動 / 林裕森
等著 . -- 初版 . -- 臺北市：積木文化出
版：家庭傳媒城邦分公司發行 , 2019.12
　面；　公分
　ISBN 978-986-459-216-6(平裝)

1. 葡萄酒 2. 品酒

463.814　　　　　　　　　108020774

遇見・自然酒

採訪撰文・潘芸芝／圖片提供・王仁壕、汪張立、莊志民、陳定鑫、楊柏偉、劉永智（依姓氏筆劃排序）

王仁壕 台灣少數擁有 WSET Diploma 認證的葡萄酒愛好者

Q. 記得第一次品嚐自然酒的當下嗎？是哪一支、酒款表現如何？

嗯…… 印象有點久遠，因爲多半是品嚐了酒後，才去查是否是自然酒。如果要說有印象的第一支自然酒，肯定是來自黎巴嫩的 Ch. Musar。

Ch. Musar 的表現令我印象深刻，很多人說那是戰火的風味，我倒覺得是這支酒多了質樸的感覺，除了深邃的黑色莓果味道之外，還有 savoury、saltiness 甚至 gamey 的味道，也增加了許多的層次感。對我而言，質樸是種不造作的感覺，不會讓你刻意感受到奔放撲鼻的新鮮水果，而是什麼元素都有卻不過份，均衡地融入在酒款風味內的感覺。

Q. 您對自然酒一見鍾情嗎？

對我而言，自然酒還眞的需要累積品飲經驗才會開始覺得有趣！(笑)

我覺得這和自己的葡萄酒訓練有關，因爲依照 WSET 的教學系統，自然會被限定在一個框架中，彷彿從某一個氣候帶和某一個品種所釀造方式出來的酒款，就需要有相對應的表現，但葡萄酒其實無法被這樣規範或鑑定。後來累積了許多品飲經驗後，我才發現眞不能將 WSET 縛在自然酒之上，就如同要給一個充滿藝術家感覺的人，穿上一套很制式的衣服，感覺是搭不起來的。

不過話說回來，自然酒其實也有很多不同種風格，難以一言以蔽之。如果有特殊風格的酒款，我還是很愛，就像剛剛提到的 Ch. Musar 一樣。

Q. 雖然不在葡萄酒相關業界，卻於短短兩年半順利考上 WSET Diploma 認證，而自然酒與傳統葡萄酒「特異」的釀造方式、風味，甚至是釀酒哲學，是否有改變您對於葡萄酒的認知？或是重新看待這些過去被稱爲「瑕疵」的特質？

當然。在 WSET 的訓練下，我會覺得酒款之所以會展現出特定的風格，完全導因於種植和釀造等程序，但自然酒卻是多了難以預料的風味特性。相比經典風格的葡萄酒，我較常在自然酒中發現 gamey、animal 或 leather 等氣味在酒款中形成主導風味，但我不認爲這些是瑕疵。也許，這就是自然酒獨樹一格的特點。不過，現在在品嚐自然酒之前，我得要忘記過去既有的學習框架，好好品嚐每支酒自己的特色，才能對得起這些辛苦工作的種植與釀造者！

Q. 推薦身邊的朋友品飲葡萄酒時，會不會選擇自然酒？或會向特定類型的朋友推薦嘗試？爲什麼？

如果是剛學習、或正要開始喜歡葡萄酒的朋友，我還是會推薦經典酒款，因爲這些類型的酒有助於了解葡萄酒的多樣性和種類。對於愛上葡萄酒的路徑，我認爲這是比較好的方式。大家應該常聽到，許多不常喝

葡萄酒的人，都不愛太酸或太澀，而偏好果味充沛的酒，當然不是說自然酒都沒有這樣風格。但相較之下，我認爲應該推薦經典葡萄酒給剛想進入這世界的人，而自然酒則更適合推薦給老饕與鑑賞家！

汪張立
三寶堂二代目茶人、侍酒師ソムリエ，茶葉感官品評專業人才能力鑑定（評茶師）

Q. 最初是怎樣的機緣開始接觸自然酒？

第一次品嚐自然酒，是在台北當時新開的自然酒吧「肯自然」。那時是已經聽到很多關於自然酒的各式評論，決定抱著嚐鮮的態度去品飲。我當時一口氣喝到了橘酒、臺灣本土酒莊威石東的酒款，還有一些未過濾的自然酒。我記得當下喝到時，覺得杯裡很多怪味、異味，完全顛覆自己以往喝葡萄酒的印象；這和我原本常喝的布根地酒風格完全大相逕庭。我還記得當時有人跟我說這是因爲沒有使用二氧化硫(SO_2)的原因，但我心想少了二氧化硫眞的會差這麼多嗎？(笑)

Q. 在茶的世界中，是否也有像自然酒這樣強調低人工干預的品項，如野放茶或野生茶？

不全然相同。所謂的野生茶，指的是純野生、未經人爲因素干擾的茶；野放茶則是早期由人栽植，但後來由於某種原因遭茶農棄置、長時間無人管理，導致野蠻生長而成的茶。雖然存在於茶葉界，這些品項非旦不是市場主流，更可以說是鄉野奇譚一般，鮮少人喝過。主要原因是產量稀少、品質管理不易，也容易導致價格被胡亂炒作、市場定位不明。如果眞的要比喻，像自然酒這樣強調低人工干預的酒款，其生產哲學也許和重視與自然平衡的自然農法茶較近似，但還是有所不同。

Q. 就您看來，自然酒與自然農法的茶有什麼同與不同？

許多人以爲酒農或釀酒人什麼都不做就可以釀出自然酒，但其實自然酒從種植品種的選擇、風土環境、生產方式到保存管理，都有獨特的標準，酒農和釀酒業者需要付出的時間、精力，甚至是金錢成本，往往比一般酒莊來得多。這是因爲自然酒農多半相當重視環境與土壤的健康程度，這和自然農法茶的種植理念不謀而和；兩者都迄求土壤健康，才能種出品質優良的農作物。

以我們所在的臺灣爲例：臺灣茶素以高山精緻茶爲銷售主軸，近來爲了食安與對環境友善的永續經營，積極發展自然農法。茶農會刻意保留茶園走道上的草皮，不施以除草劑，另使用蛋白分解菌接入黃豆粕醱酵液，促使分解出有效性植物水溶性養分，如此才能使茶葉的風味與香氣有正向的提升。茶園爲防止蟲害，使用的不是農藥，而是經認證無農藥殘留的辣椒或蒜頭所製成的噴劑，還會種各類香草，因爲茶農們相信，生態越複雜、完整，茶葉就越安全；這與自然動力法（Biodynamism）的操作不謀而合。

Q. 您覺得偏愛自然酒的人會喜歡怎麼樣類型的茶品？爲什麼？

現在的自然酒常見到大量花果香，我想如果要綜合風味特性和種植哲學，自然酒飲者也許可以試試看臺灣特有、靠大自然幫忙的東方美人茶，或是也使用類似方式製成的蜜香烏龍、蜜香紅茶。爲什麼說是「靠大

自然幫忙」？我們得先介紹其貌不揚、但扮演了重要角色的茶小綠葉蟬（Jacobiasca formosana）。這種蟬一年有 27 個生命週期，多半只在濕熱背風的山谷生長，如新竹的北埔茶區丘陵地。這裡海拔約末 300 ～ 800 公尺，年降雨量達 1,700 公釐以上，相對濕度高達 80%，夏季悶濕，土壤以以崩積土為主，造就了茶小綠葉蟬的理想繁殖環境。

每年芒種至端午大暑夏令期間，是茶小綠葉蟬大舉入侵茶園的高峰，俗稱「著涎」。而當茶樹遭受侵蝕時，會啟動植物本身的防禦反應，合成單萜類及醇類物質，散發出花果蜜香，引來吸引茶小綠葉蟬的天敵白斑獵蛛（Evarcha albaria）前來幫忙吃掉作亂的蟬，一來控制蟬的數量與危害程度，二來調控東方美人茶的著涎程度，讓茶葉散發出恰如其分的花果蜜香，使茶農在不須使用農藥的情況下，順利獲得天然的果蜜香味。你可以說，東方美人茶是人與大自然和諧共存共榮的最佳例子。

而這茶名則是因日治時代時，有英商洋行獻此茶給英女皇而得此美名；東方美人茶也稱白毫烏龍茶（白毛猴）、膨風茶，可以說是台灣茶在世界的代表，茶湯呈琥珀色，果香濃郁，甜美滑口；令人想到許多帶點質地、多有濃郁花果香氣的自然酒。

莊志民 維納瑞葡萄酒進口商業者

Q. 最初是怎麼樣的機緣開始接觸自然酒？

我一開始並沒有鎖定要走所謂「自然酒」的路線。維納瑞在一成立初始就有做小農香檳（Grower Champagne），等於是從那時就已經開始接觸小型農家的產品。後來才發現這種小規模的手作品很有魅力，雖然當時還是有繼續經營很多布根地和其它經典產區。但一樣是參訪酒莊業者，感覺真的很不一樣。等後來我們開始做侏羅－薩瓦（Jura-Savoie）產區時，已經可以聽到很多自然酒的論調和主張了，我是那時才發現自己一直有找天然的酒的傾向。

Q. 您剛提到拜訪酒莊時有不一樣的感受，請問是如何的不同？

一般如果是想要代理大型酒莊，身為進口商我們得先準備各式各樣的提案，詳述公司概況或營業額等數字。但從最初代理的小農香檳，到之後的侏羅－薩瓦等產區，我們每每發現對方要的其實是一種「聊得來」的感覺。你見到的真的就是一群農夫，用很粗糙、滿是塵土的手跟你握手，或是因為剛修好農業器械而滿身機油的實在人。這真的就是小農的日常，你看到的就是你喝到的東西。你知道葡萄酒其實是世界上使用最多農藥與添加物的農產品之一，但這些酒農端出的品項卻截然不同：低人工干預，而且成分單純，就像釀造他們的人。

Q. 品飲了這麼多年「經典風格」的各式美釀後，您自己剛接觸自然酒時是否有些排斥，或不習慣？畢竟有些自然酒的風格與調性非常奇怪，是否可能會讓一般經典葡萄酒飲者（如傳統波爾多酒飲者）退避三舍？

我覺得就這方面而言，我其實很幸運！我從一開始引進小農香檳到後來進口更多這類自然導向的酒莊──包括侏羅－薩瓦，或甚至是現在進口的羅亞爾河（Loire）產區酒，我真的非常少喝到一些人說的馬屁、馬尿或老鼠屎味。我覺得氧化風格酒可能是最主要的原因；侏羅是法國的氧化風格酒──即黃酒（Vine Jaune）的大本營。我喝到的就是乾淨、純粹的氧化風味，沒什麼奇怪的異味。畢竟黃酒本來就是用最好

的莎瓦涅(Savagnin)在不添加任何二氧化硫的情況之下釀成，這風味本來就和其它產區的靜態酒不同。這裡不會強調自己的釀法是自然酒，但事實上黃酒就是這樣的酒。

不過我自己觀察，之前來參加「Glou Glou」(維納瑞的自然酒展)的民眾裡，的確只有少數是經年的布根地或波爾多飲者，反倒絕大多數是年紀較輕、願意嚐鮮的人。他們可能無法熟練地背出布根地的所有產區，但對於健康的新東西倒是很樂意嘗試。可能是生活選擇，也可能是感官享受，使他們願意來酒展嘗試，其實自然酒業者應該也有發現這件事，從設計的酒標就可以看得出端倪，這些比較新穎、特出的酒標，和經典酒款的酒標完全不同，可能真的像妳所說的，是比較「千禧年代」的飲者吧！

Q. 在引進、推廣與銷售自然酒的路上，是否有遇到什麼困難或挑戰？

既然要走這條路，就不會有什麼擔心或害怕了。之前《German Wine Guide》的作者 Joel Payne 來過我們店裡，他說自己好歹也是個懂葡萄酒的國際人士，但他真心沒見過哪個國家的葡萄酒專賣店，有像我們店裡這麼多的侏羅和莎瓦涅。確實，最初在引進小農香檳時是比較順利的；那是很有魅力、大家會買單的品項。現在這些侏羅－薩瓦品項可能不如之前那樣好推，但也還算累積了一些基本盤。而且從開始認識這些自然酒業者後，我真的覺得會和他們產生連結！欸，他們很辛苦耶！你看他們每天在做的，其實就是很想要讓葡萄樹跟大地產生連結。你真會莫名、很玄地跟這些酒農和他們端出的葡萄酒產生很個人的連結。他們把自己的品牌、自己的酒託付給我，這不只是貨品，而是我對他們許下的承諾。對我而言，這些酒也已經遠超過單純的飲品，我喝到的是他們和世界交流的媒介。

陳定鑫 三二行館侍酒師、臺灣侍酒師協會理事長

Q. 最初是在怎麼樣的機緣之下接觸自然酒？

有印象的可能是五、六前年的事了。當時不太理解自然酒是什麼，喝了之後才發現怎麼都是教科書上的缺陷！我甚至為了喝這些「缺陷」的風味找來嚐。那時覺得是有趣的東西，但還稱不上喜歡，那時也還沒像現在這樣常見到自然酒。

不過可能是我自己對不同風味接受度也較高，像臭豆腐那樣，雖然第一次喝到時沒放在心上，但近幾年反倒覺得，這些自然酒品質漸佳，很多酒款充滿花香和果味，開始令人眼界大開。現在自然酒常態性地出現在餐廳酒單內，我也發現同樣是用 Coravin 侍酒，自然酒香氣衰敗的程度，比較沒有像一般葡萄酒這般明顯。

Q. 身為侍酒師，考量餐酒搭配是職業反應，在品飲自然酒時是否也有同樣的思考？這類酒款是否更適合（或不適合）搭餐，為什麼？

當然會，每次品飲葡萄酒時，會忍不住開始分析適合搭配的餐點。就我自己的經驗，其實自然酒普遍適合搭餐，至少在口感上如此——畢竟許多自然酒的單寧都比較不具攻擊性。我自己覺得，自然酒濃郁的特質，是在於其香氣，而不是口中風味，因此在搭配食物方面，不但較不搶戲的風味更好搭餐，酒款本身又因為香氣濃郁而不會被菜餚的味道蓋過。餐點搭配自然酒，常會發現新變化，非但不衝突，還常為品飲經驗帶來更多趣味！

我每每品嚐各種葡萄酒，總是會忍不住開始分析杯中物的品種、產區、年份，甚至釀造方式或酒莊。唯獨喝到自然酒，腦中強迫分析的這塊區域會關機，因為自然酒的風格與一般常見的經典葡萄酒實在無從比較起，太與眾不同了。所以喝自然酒時，我反而更能欣賞酒款之美，真的就是純粹為了品飲而品飲，然後用心去欣賞。

Q. 在餐廳推廣自然酒的過程中常遇到怎麼樣的反應？如何透過酒單的呈現，介紹這些與經典葡萄酒風味截然不同的特出美酒？

三二行館餐廳比較常見葡萄酒品飲經驗豐富的客人上門用餐，因此對於經典葡萄酒的風味多半較熟悉。如果他們在瀏覽酒單時，選到自然酒——特別是自然紅酒時，我通常會提醒，這類酒款的風味可能與過去常喝到的有所不同。一餐下來，客人的反應多半不錯，但喝得比較慢，而且評價多是「越喝越好喝」，言下之意可能代表剛開始喝時還不太能接受、或甚至不太喜歡。（笑）

我們餐廳目前的自然酒佔比未達 50%，但會依酒款年份的不同、菜單變化等情況改變。至於 house wine 的自然酒佔比目前約為 1/4 或 1/5，同樣依菜單而定。我也會將自然酒放進 wine pairing 的酒單中，但這部分的拿捏得小心，須要同時兼有經典風格與自然風格的酒，最主要是因為客人不會想要只喝自己熟悉的酒，也不會想要全喝這些風味陌生的酒款。

關於自然酒有一點，是我比較不會將這類酒款放進多年份酒款的呈現。因為自然酒每一年的變化較大，就連同一年份的 bottle variation 也不例外。而且在我們餐廳，點單杯酒的人與點整瓶酒的人心態不同；前者較樂意嘗鮮，後者比較傾向選「沒有太多意外」的酒款。

楊柏偉 Sinasera 24 餐廳主廚

Q. 還記得第一次喝到自然酒的情境與想法嗎？

第一次喝到自然酒，是我在法國普羅旺斯 (Provence) 一星餐廳 La Bonne Etape 工作時；一回下班後同事聚會時喝到。過去我比較常喝布根地酒，所以第一次喝到自然酒時覺得很不一樣，感覺果味與花香都比較多，但最特別的是居然有種鄉下常聞到的雞屎味，可是我不覺得那味道難聞，反而有種特殊的親切感。

Q. 自然酒是否（又如何）改變，以致於增進您對於烹調的想法或方式？

我總認為酒就像是料理中的醬汁一樣，搭配得宜就能和餐點完美結合，像是人們常說的「Marriage」，所以我不會刻意（將葡萄酒）加進料理中，反而期望能以最原始的方式相搭襯。我試過以 Gamay 自然酒來搭配甲殼類海鮮，兩者在嘴裡慢慢咀嚼，能感受到食材的天然鮮甜滋味，所以每回我的「碳烤小龍蝦」上菜時，就會忍不住推薦客人來杯自然酒佐餐，保證有不同的體驗。

Q. 座落於台東的 Sinasera 24 餐廳強調以當地食材為主軸以降低身體的負擔，這似與強調降低人工添加物的自然酒有異曲同工之妙。餐廳酒單的選擇是否也走相近方向？

我認為自然酒和有機食材，或是自然農法食材的概念是相同的。Sinasera 24 開在東海岸，正是因為這裡有很棒的在地食材，用來搭配自然酒佐餐再適合不過！餐廳的酒單約有 220 款我最喜愛的布根地葡萄酒，而自然酒也有 75 款左右，為了消除大多數客人可能不愛的強烈味道（我認為是雞屎味），我通常會選擇開瓶 2～3 天後再讓客人品飲；這時候花香味道散出，那芳香的氣味，讓人感到相當愉悅。

劉永智 知名葡萄酒作家、《頂級酒莊傳奇》系列酒書與《品蜜》作者，目前正忙於撰寫阿爾薩斯葡萄酒專書

Q. 最初是在怎麼樣的機緣之下開始接觸自然酒？

雖然十多年前就聽聞自然酒分類，但其實直到約七、八年前才真正接觸到自然酒類型。除在法國喝到，藉由台灣酒商與酒友的不吝分享，也開始有了初步接觸。最早喝到的所謂「自然酒」，如阿爾薩斯的 Pierre Frick、Julien Meyer、西西里的 Cornelissen 與羅亞爾河的 Alexandre Bain，最近喜歡上的自然派紅酒也來自羅亞爾河——出自 Sébastien David 之手。

Q. 除了葡萄酒的專業背景，您也研究蜂蜜、曾有《品蜜》一書。在蜂蜜的領域中，是否也有類似低干預的蜜種？製成方法與一般蜂蜜有什麼不同？這與自然酒是否有什麼異曲同工之妙？

葡萄酒沒有人為釀造與裝瓶是無法產生的，天然蜂蜜則無須人為干預。當蜜蜂混合其唾液，讓當中的蔗糖轉化酶將花蜜中的蔗糖分解成為葡萄糖與果糖，並振翅扇風濃縮、封上蠟蓋之後即成。其實多數歐美以繼箱養殖所取的蜜基本上都屬「低干預蜂蜜」，反觀台灣絕大多數採單一層的平箱養殖，將蜜蜂還未處理完畢的「水蜜」拿去進行機械加溫濃縮，削弱了營養成分與風味，就算是過度干預，甚至以較為嚴謹的意義而言不算真蜜（因為不是由蜜蜂親自完成工序）。

Q. 您觀察偏愛自然酒的人會喜歡怎麼樣類型的蜂蜜？為什麼？

自然酒愛好者，我想不會僅止於欣賞大眾口味的蜂蜜（如台灣的龍眼蜜或是歐洲的洋槐蜂蜜：偏甜無特殊個性），而是勇於拓展品嚐經驗，我建議他們試試有南棗核桃糕風味的酪梨蜜、滋味酸香的台灣森氏紅淡比蜂蜜、科西嘉島的灌木林秋蜜（帶苦味），或是中國大陸陝西省由中蜂採集熊貓棲息地的「熊貓森林百花蜜」（滋味酸香複雜）。

Q. 長時間在法國阿爾薩斯（最適合發展自然動力法，也是自然酒的重點產區之一），您是否留意到阿爾薩斯、法國——甚至是西歐，目前對於自然酒的態度或新潮流？

台灣的自然酒風潮正方興未艾，法國的自然酒潮流在酒莊之間處於成熟期，不會一股腦認為釀自然酒就在道德高度上高人一等，飲者也不至於覺得品味勝人一籌，會較持平看待。畢竟，最終酒質才是重點。不過，不管是巴黎或是史特拉斯堡，新創的餐廳不少是以有機、生物動力法或是定義仍有些模糊的自然酒為號召，以吸引新一代的飲酒人；這是好現象，畢竟不少自然酒物美價廉，易於搭餐之餘，也不太傷荷包。

Cover Story
來自風土的滋味

Natural Wine：
一場葡萄酒的革新運動

撰文攝影・林裕森

　　自然派葡萄酒，或更常見地，直稱爲自然酒，它的興起是近二十年來葡萄酒世界中最大的轉折，是當今最受關注，卻也最多爭議的主題，從初始發展至今二、三十年，不僅逐漸蔚爲風潮，也對主流的葡萄酒世界帶來極爲深遠的影響。無論是否是自然派葡萄酒的愛好者，在我們所處的這一代葡萄酒飲者，都無可避免地要身歷這場正在進行中的葡萄酒革新運動。

　　自然酒雖然常被視爲是一種釀造法，在釀製過程減少或完全無添加葡萄以外的東西，例如最常被提及的，具抑菌和抗氧的二氧化硫；自然酒也常被認爲帶有特定風味，例如氧化或醋化氣味，或如鄉村農莊氣息，但其實這些都只是在發展初期，部分自然酒的表象，今日的自然派葡萄酒世界已經是百花怒放、繁華多樣的面貌了。自然派發展的根基其實是建立在對現代釀酒學的反思，是一場革新運動，並非只限制在特定的釀造方法或風味上。

　　這場革新運動起始於 1980 年代，反省與批判的是當年在全球化的環境中，葡萄酒業越來越工業化，離自然風味越來越遠的發展方向，目標是要跳出現代釀酒學依據工業化的需求所制定的釀酒原則和製程，同時也要從過於單一的葡萄酒品嘗價值觀放出來。反省的過程，讓自然派的釀酒師獲得了寬廣的自由與無限的創造力，或復古或創新，釀出了許多未曾有過的葡萄酒新風格，讓今日的葡萄酒世界出現了未曾有過的多樣面貌。其中最珍貴難得的是，自然派還承繼了因現代釀酒學崛起而被忽略和遺忘的數千年釀酒傳統和經驗，包括橘酒、陶罐酒、淡紅酒、古園混調和氧化式培養等等，都重新有了全新的生命和價值。

　　被稱爲自然酒之父的朱勒・修維（Jules Chauvet）其實是一位兼營薄酒萊酒商的科學家，在 1980 年代，他爲不加任何添加物的自然派釀法提供理論基礎與實際可行的釀造模式，受到他的啓發和指引，薄酒萊的一些釀酒師如馬塞爾・拉皮埃爾（Marcel Lapierre）、讓・法雅（Jean Foillard）和後來去了布根地的菲利浦・帕卡雷（Philippe Pacalet）等人，成功地釀出無添加少干預的葡萄酒。最早期的自然派葡萄酒，愛好者族群幾乎僅限於巴黎十一區的 BOBO 族以及部分的日本市場，到近十年才慢慢地擴及全球，逐漸成爲主流市場外相當重要的利基市場。甚至還吸引商業大廠爲了市場考量開始投入「自然酒」的生產。

　　難以定義沒有認證，是自然酒面對葡萄酒愛好者的另一課題。但如果將自然酒視爲是因應自然派革新運動所釀成的葡萄酒，回到葡萄酒最原初的本質，應該就不難理解了。在所有教科書中，葡萄酒的定義都是：「由新鮮葡萄或新鮮葡萄汁經酒精發酵而成的酒。」，而這其實也同時是自然酒的定義，只用葡萄，完全無

添加。雖然簡單，卻很少有現代釀酒師可以達到，酒評家和買家的評價常能決定酒的價格和銷售的速度，透過添加物或技術的運用，讓酒更受酒評家和市場的喜愛，也是釀酒師的職責之一。雖然葡萄酒已經是非常接近自然的飲料，有嚴格的控管機制，但釀酒師可使用的添加劑或材質也相當多，即便都是自然安全的材質，如從葡萄皮萃取出的色素或單寧、蔗糖或甜菜糖，或酒石酸或檸檬酸等等，卻都可能改變葡萄酒中的風土特性和滋味。

但完全都不添加就是最好嗎？葡萄酒畢竟是釀造酒，酒精度不高，添加少量的二氧化硫保護，是最簡易有效，也幾乎是避免葡萄酒變質腐壞不可或缺的保存方法，常常也是許多葡萄酒的唯一添加劑。但何時加，加多少，或盡可能不加，都是現今釀酒師重要的考量。因為影響的不只是微量二氧化硫的味道，同時也是對酒中生態的影響。

雖說葡萄酒是釀酒師釀造的，但其實，真正把葡萄變成美味的葡萄酒，是許許多多微小的生物，其中最重要的是釀酒酵母 (Saccharomyces cerevisiae)，以葡萄中的葡萄糖為食物，轉化成為酒精跟二氧化碳，酵母菌新陳代謝的過程也造就了許多影響葡萄酒風味的物質。葡萄皮的表面就有許多野生酵母菌，但菌種複雜不定，而且對具抑菌功能的二氧化硫較為敏感。一開始就添加二氧化硫的釀造法，會讓原生酵母失去活力，釀酒師會另外添加經過人工選育的酵母，以保證發酵可以穩定安全地進行。有些經由特殊目的所選育出的酵母可以讓釀成的葡萄酒產生特別的風味，例如知名的 71B 酵母，無論用什麼葡萄都可以釀出香蕉香氣。對自然派來說，野生酵母較難掌控又帶有風險，卻是風土的一部分，必須完全尊重保留，只能透過觀察認識其特性，再找出相適應的方法來釀製。除了釀酒酵母外，還有許多其他的微生物，如乳酸菌和酒香酵母等等都會影響葡萄酒的風味，二氧化硫的添加也會透過影響這些微生物而改變葡萄酒的風味。

如果從革新運動的角度來看，自然派的影響並不只限於自然酒的釀酒師，三十年的發展，對學院式釀酒學權威以及葡萄酒工業化的反思，也開始對受過專業學院訓練的釀酒師們產生影響，例如原生酵母發酵，從完全排斥到開始嘗試進而全面使用，便是最明顯的轉變。除此之外，包括釀造上最根本的溫度控制、過濾、澄清等等都開始被重新看待。甚至更為激進的改變，如白葡萄泡皮、陶罐培養、氧化式釀造、混種和混釀等自然派的釀造技法也開始普遍地被非自然派的釀酒師採用。他們的目標並非要釀造自然酒，而是要透過這些被自然派找回的技法，釀出更精彩美味的葡萄酒。

現代釀酒技術為葡萄酒業建立了像高速公路般快速方便的工具，自然派卻選擇了崎嶇難行的鄉間小徑，為的並不是要取代現有的經典酒風，也不是要取代工業化生產的葡萄酒，而是要重新找回更帶人性手感、更貼近自然的葡萄酒價值，雖然浪漫，道路曲折顛簸、塵土飛揚也在所難免，但換得的代價是更接近土地、更身歷其境的真實風景。

> **自然酒協會 (AVN) 對自然酒的定義：**
> - 有機或自然動力農法，手工採收
> - 原生酵母發酵，不使用激烈的釀造法
> - 釀造時除了微量的 SO2，完全不可添加任何葡萄以外的東西，酒窖須用熱水清洗，不得使用清潔劑
> - SO2 最高劑量：紅酒和氣泡酒 30mg/l 以內，白酒 40mg/l 以內

採行自然動力法進行農耕已成為頂級酒莊的常態。

11 種類型認識自然派

撰文‧林裕森／整理‧Ingrid ／攝影‧林裕森

自然派葡萄酒源自人們對現代釀酒科技發展的反思，打破了許多現代釀酒的教條
與陳規。若要試著為過去四十年自然派的發展做一次整理回顧，可以依據特有的
葡萄酒類型進行分組與選酒，超越產區及品種的界線，讓大家認識到自然派與其
多樣的發展與創造力。有別於一般認識葡萄酒可能習慣從產區及品種著手的方
式，初接觸自然酒時，建議可以從下列常見的11種自然酒類型開始理解：

01 Pét-Nat
自然氣泡酒

自然氣泡酒（Pétillant Naturel，又暱稱爲 Pét-Nat），是釀法最貼近自然派概念的氣泡酒類型。關鍵在於，將還留有一點糖分的發酵中葡萄汁直接裝瓶，讓酵母繼續在瓶中將剩餘的糖分發酵成酒精，而產生的二氧化碳被封在瓶中成爲氣泡酒。此過程無須再加糖，也不用添加選育的酵母，通常也沒有除渣或加糖調整風味，更無添加二氧化硫，是人爲干預最少且額外添加物最少的氣酒類型。製法也最簡易自然，屬最早期的氣泡酒型態。

釀法最貼近自然派想法的自然氣泡酒（Pét-Nat）。

相較於瓶中二次發酵的氣泡酒，因無另外加糖，酒精濃度通常比較低，窖藏的時間也通常很短，常常都是釀好後立即直接上市，多屬新鮮易飲的可口風格。雖然不是特別細緻多變，但帶有一些樸實和即興的野趣，更新鮮易飲。若發酵沒有全部完成，會微帶些許甜味；另外，由於出廠前沒有開瓶除渣，常有死酵母沉澱，開瓶享用時可能較爲混濁，或帶有酒渣。

02 Traditional Methode
傳統法氣泡酒

傳統法其實就是過去常說的香檳法，意卽在酒瓶中進行二次發酵，讓發酵產生的二氧化碳留在瓶中成爲氣泡酒，同時透過轉瓶的方法開瓶除渣後再封瓶。雖是最精緻，卻也是需要最多人爲干擾的氣酒類型，要做到完全無添加，技術層面也較爲困難。例如在香檳區，完全無添加的例子至今仍非常少見，所謂的「Brut Nature」也只是意味最後除渣後沒有再加糖。

目前，自然派的瓶中二次發酵氣泡酒已有不同的釀法，通常會選用較晚採的葡萄，糖分較高以避免另外加糖，在一次發酵還沒完成時，便裝瓶進行二次發酵，讓原生酵母繼續運作，最後再進行轉瓶除渣。另外，有的做法是添加同園採收的麥稈酒葡萄汁，當做瓶中二次發酵所需的糖與酵母。以傳統法釀成的自然派氣泡酒，因爲經過除渣程序，酒色較爲清澈，氣泡稍多一些，風味也較爲多變精緻。

釀造自然派傳統氣泡酒的技術較爲困難，但近年來已有新突破。

03 Orange Wine
橘酒

　　白葡萄若採用釀造紅酒的方式進行泡皮，再經與空氣接觸的氧化培養，酒色將會因為酒中的黃色素氧化而變深且帶橘色，橘酒便因酒色而得名。橘酒雖是近年才出現的新名稱，卻是一種已經擁有數千年歷史的葡萄酒。採用整串白葡萄經過長時間的泡皮與發酵之後，才進行榨汁，由於製法簡易，可能是最原始的葡萄酒。現在高加索山區的喬治亞，仍保有傳承數千年的橘酒釀造法，將整串葡萄直接放入深埋地下的陶罐泡皮發酵數月，連榨汁都不用就可汲出飲用。

　　泡皮時間與氧化程度，都會對橘酒的風味和顏色產生影響，橘酒的風格也因此非常多變、難測，甚至難以定義。橘酒常有較多香料與蘋果等氧化調性的香氣，加上泡皮過程將萃出果皮的單寧，口感常帶有澀味，較為剛硬結實。近年來隨自然派的推動，橘酒開始在許多產國流行起來，影響所及，也讓更多白酒透過進行泡皮的過程，增加香氣與質地。

利用白葡萄泡皮所釀成的橘酒，酒色多變，風格口感也各有不同。

04 Rosé
粉紅酒

　　自然派的粉紅酒經常跳脫市場常規，釀成非常多樣的粉紅風格。現下市面最主流的粉紅酒是以提早採收的黑葡萄直接榨汁，添加選育酵母釀成酒色淺淡接近白酒、帶有可愛水果糖香氣，且適合早喝的粉紅酒，常過於商業而缺少風土與文化的底蘊。不過，還有一些採用出血法（saigné），即經過數小時泡皮，釀出酒色較深一些的粉紅酒。

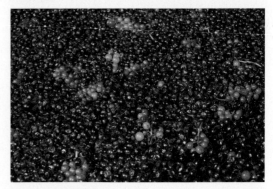

自然派粉紅酒的釀法十分多樣，甚至有黑、白葡萄混釀而成。

　　自然派的粉紅酒釀法較為多樣，另外也還有黑、白葡萄混種混釀，或白酒添加一點紅酒調成，或經相當多年橡木桶培養，或帶著微泡，或差一點變成淡紅酒的各式樣貌，除了新鮮水果，也有較多樣的香氣變化及口感質地。讓粉紅酒有更豐富的風格和可能性，不再只是紅、白酒的陪襯。

05 Clairet
淡紅酒

　　講究新鮮年輕、順口好喝，但在近代幾乎消失的淡紅酒，卻是歷史上極爲重要的主流酒種。淡紅酒的釀法介於紅酒和粉紅酒之間，泡皮萃取的時間比紅酒短，僅數日卽完成，因爲泡皮時間短，大多頗爲清爽，口感柔和，相當好喝，也適合大口暢飲。另一方面，淡紅酒的泡皮時間又比僅有數小時的粉紅酒多，因此多了一點點結構，多了一些些個性與佐餐潛力。

　　不僅在波爾多，歐洲許多產區也都曾經生產淡紅酒，有的選用皮薄色淡的品種，有的黑、白葡萄混種混釀，有的則僅短暫泡皮數日卽完成，目的都是釀出好喝順口、適合日常飲用的紅酒（當時太濃縮的酒甚至還會加水稀釋後才喝）。但是，當葡萄酒世界開始注重紅酒的酒色深淺和酒體結構之後，淡紅酒就逐漸消失於主流市場。

　　自然派興起之後，淡紅酒的鮮美與歡快暢飲特性，對比於許多昂價的頂級酒，因特別濃郁厚實、堅固耐久，開瓶後常是一杯都很難喝完的窘狀，淡紅酒

淡紅酒的泡皮時間短，清爽柔和，適合大口暢飲。

的高度親切讓葡萄酒迷找回葡萄酒最根本的飲品功能，生津止渴。

06 Sweet
甜酒

　　在自然酒的世界中，甜酒相對比較少見，原因在於讓酵母中止酒精發酵，而留下殘糖成爲甜酒的方式，大多需要透過添加或進行較爲激烈的方法。完全無添加且無干擾的甜酒雖然存在，卻相當少見，只能仰賴酒精發酵到超過濃度 16% 或更高，且仍含有許多糖分的環境才能讓酵母自然停止，不但技術難度較高、需要糖度非常高的葡萄外，也會面臨較多難以預期的風險。

釀造甜酒需要添加的主要是二氧化硫和蒸餾酒，前者有抑菌功能，可以讓酵母失去活力、中止發酵；後者同樣有抑制酵母活力的功能，讓酒精發酵中止。至於較為激烈的方法則有透過過濾或離心法除掉酵母，或是快速高溫滅菌等等。這些方法都各有優、缺點，但不一定被所有自然派接受。畢竟甜酒瓶中有酵母喜愛的糖分，很容易就會有發生瓶中二次發酵的意外。

使用不去梗的整串葡萄釀造。

07 Low Intervention
少干預葡萄酒

現代釀酒學提供了釀酒師許多天然合法的添加物。例如，具抗氧化及抗菌功能的二氧化硫便是最不可或缺的添加劑，即使是自然派釀酒師也可能採用，差別在於自然派只在最後裝瓶或釀造完成後才添加。

釀造白酒的各階段，常會添加二氧化硫保護葡萄免於氧化和細菌感染。然而，過多的保護讓不曾與氧氣接觸的葡萄酒進入毫無保護的環境而快速氧化變質。自然派的刻意不添加，不僅只是為了自然的風味，如此較高程度的氧化反而比慣行的白酒更加穩定，也更經得起時間的考驗。

健康的葡萄皮表面常附著許多酵母菌，環境適合就可產生發酵。自然派釀酒師認為原生酵母也是風土的一部分，以原生酵母釀造不只讓變化更豐富且多層次，也更能反應出葡萄園的特色。自然派釀酒師通常是扮演陪伴者，適時提供葡萄一些協助，以彰顯風土為主。

歐洲仍存在罕見的混種老樹古園。

08 Field Blend
古園混調葡萄酒

在葡萄根瘤蚜蟲病毀滅歐洲葡萄園之前，大部分的葡萄園都是同園混種眾多品種，黑葡萄園裡也常種著白葡萄，全都一起採收，一起混釀。除了相當稀有的混種老樹古園，現在也有酒莊意識到為了在最完美的成熟度採收，以最佳的比例調配，全部都分開釀造再混調的方式，並不一定會釀出比混種園更精彩的酒。

混種園通常同時採收與釀造，無法精確估算完美的成熟度，也無法進行太多精確的釀酒設計，釀酒師沒

有太多插手的餘地。但是，混種園所釀成的葡萄酒，卻常有自成一體的協調感，更多變也更耐飲。不可知的自然中也許自有秩序，釀酒師即使再精心安排，常可能只是畫蛇添足。古園混調是最簡單，卻也最複雜；最復古，卻又最新潮的釀造方法。除了出乎意料的精緻風味，也讓釀酒師領會到「適時放手」，讓自然成就自己，也許是達致完美均衡的最佳捷徑。

09 Amphora
陶罐釀造葡萄酒

自然派大多極力避免新橡木桶可能對風味產生的影響，對於釀造與培養容器也有更多元的選擇，使用陶罐釀造或培養已成近年的流行風潮。陶罐的最大變數，在於燒製溫度會直接影響透氣性，罐中培養與釀造的酒也因此產生不同程度的氧化和蒸發速度。有些陶罐會埋在土中，除了較不易氧化與蒸發外，也有溫度變化也較穩定。

泡皮是釀造紅酒的重要步驟，但部分產區依舊保持古法，將整串葡萄入酒槽，無淋汁亦不踩皮，僅靜置泡製數月，唯憑藉自然的微生物與酵素的助力及二氧化碳的保護。陶罐培養的紅酒常會經過相當長時間的無干擾泡皮，結合成相當獨特、古樸深厚的舊時風味。

一般而言，陶罐培養的白酒會有較多氧化的影響，也因蒸發快速而讓口感變得較為濃郁豐厚。最特別的是，常帶有一些海水氣息和礦石感，即使是酒體濃厚的類型也頗能開胃。

1 埋入地底的陶甕可減少氧化蒸發，也可穩定保存溫度。
2 近年來，使用陶罐釀造或培養已成流行風潮。

10 Carbo
二氧化碳泡皮法

　　自然派的起源始自於一九八○年代的薄酒萊產區，由 Jules Chauvet 研究出完全無須使用任何添加物的二氧化碳泡皮法，這也是自然派運動最早出現的紅酒類型。此釀法常簡稱爲「Carbo」，除了薄酒萊相當盛行，其他產區的自然派也常採用，如今已逐漸成爲最經典的自然派釀造法之一。

　　二氧化碳泡皮法採用整串葡萄釀造，必須以人工採收，未經去除葡萄梗，也不進行破皮擠出果粒，直接將葡萄果串放進釀酒槽，加入二氧化碳，在較低溫的環境下，讓葡萄進行無氧代謝。酵母菌和葡萄汁雖沒有接觸，但開始有酵素作用，葡萄會散發明顯果香，蘋果酸也會大幅減少。實際的操作中，會有一部分的葡萄被壓破而流出葡萄汁，並啓動酒精發酵，這樣的綜合釀法稱爲半二氧化碳泡皮法，幾乎所有「Carbo」釀法都是半二氧化碳釀法。

　　此釀法的大部分葡萄汁都被封在果實內，皮和汁沒有外部接觸，只有非常少的單寧和紅色素會被萃取進入葡萄汁，榨出的汁液充滿未發酵的糖分。隨後就與白酒一樣，在沒有泡皮的情況下，繼續完成酒精發酵。由於葡萄皮與汁的接觸不多，因此酒色淡、口感柔和、澀味少，但常有鮮美豐沛的果香。

1 常見於薄酒萊二氧化碳泡皮法，已成爲自然派的經典釀造手法之一。
2 泡皮釀造中的紅葡萄酒。

11 White Wine aged with Voile/Flor
酒花陳釀白酒

橡木桶非完全密封的容器，桶中培養的白酒會因蒸發而逐漸減少，橡木桶內因此出現空間，酒液也因此有過度氧化的危險，釀酒師會定期進行添桶以補滿桶內酒液。但也有些產區在釀造特定類型葡萄酒時，保留了不進行添桶的培養法，例如法國侏羅區（Jura）的 Vin Jaune，以及西南部加雅克（Gaillac）的 Vin de Voile。

未進行添桶卻不致使酒氧化變質的關鍵，就是葡萄酒酒液會在特別的環境時，長出一層乳白色的酵母漂浮在酒的表面，一方面可以阻擋酒與空氣直接接觸，讓氧化的速度減緩，一方面也讓酒有獨特的香料調性，蒸發量的較高也讓酒體更濃縮且豐潤可口（西班牙雪莉酒區的 Fino 雖也有酒花，但因為生長方式不同，對酒產生的影響也不一樣）。

一開始，這種釀法大都是出自意外，卻意外證明了氧化並非全然是葡萄酒的敵人，也可能釀成精彩的佳釀，特別是這些經氧化培養的白酒因氧化程度相當高，反而變得相當穩定，大多有數十年以上的耐久潛力。

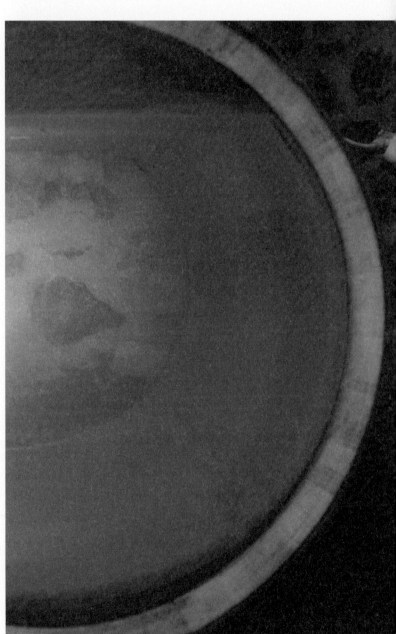

酒液表面的乳白色酵母，稱為酒花。

24 款酒喝出風土滋味

撰文攝影・林裕森

在台灣葡萄酒的年度盛事《喝自然》酒展中,總共可以品嚐到兩百多款各種類型的自然酒,策展人林裕森在其中挑選出24款獨特的自然派葡萄酒,選自分別來自24個分佈在全球各地的葡萄酒產區,透過這24個風土滋味的精采呈現,可以看見自然派在風土表現上的多重可能。

一瓶精彩的葡萄酒除了釀得好喝之外,還須具備地方風土特性,或者所謂的地方感,一種來自原產土地,別於他處的珍貴風味。自然派特別強調除了葡萄,盡可能減少添加物,釀造時也盡量減少對葡萄的干擾,是各產區展現風土本貌的極佳途徑。但不同於現今葡萄酒世界中歷經數十或百年的時間所建立的經典風土滋味,自然派葡萄酒在各地的發展多則二十餘年,少者僅數年,在地方風土的展現上常常釀成過去未曾有過的新風味和新的可能,雖和各地現有的風土面貌有所差異,但卻可能是更貼近真實,現有經典外的未來新典範。

01 Riverland Pét-Nat Rosé
自然派粉紅氣泡酒

產區：Riverland
產國：澳洲
生產者：Delinquente
酒名：Weeping Juan
年分：2019
類型：粉紅氣泡酒
品種：維門替諾（Vermentino）、蒙鐵布奇亞諾（Montepulciano）
進口商：蓓朵思

深處南澳內陸且乾燥炎熱的 Riverland，是澳洲最常見卻最少被提及的產地。區內有兩萬多公頃的葡萄園，是澳洲最大的酒倉，但跟全球最大酒倉，西班牙的 La Mancha 一樣，一直脫離不了大量製造、缺乏個性的刻板印象。然而，自然派打破陳規與小量手造的方式，卻是在這看似平凡之地，創造了驚奇。由在地出生、長大的年輕人所創立的 Delinquente 酒莊，巧妙地利用晚熟且非常適應乾熱氣候的南義大利品種，讓 Riverland 釀出多酸且低酒精的基酒。這款粉紅氣泡酒在釀好的維門替諾（Vermentino）白酒，加入 10% 發酵中的勒格瑞（Lagrein）紅酒，接著再裝瓶釀成自然派氣泡酒（Pét Nat），酒體輕盈卻充滿活力。只需稍稍從釀酒原則解放出來，就能打破許多框架，即使是乾熱的 Riverland，也可以成為釀造氣泡酒的精彩風土。

02 Pétillant Naturel
布根地自然派氣泡白酒

阿里哥蝶（Aligoté）是布根地的原生品種，和夏多內（Chardonnay）有著一樣的親本血緣關係，卻只被當成次等品種，很少受到重視，但其實阿里哥蝶和夏多內有互補的特性，某些老樹園還有同園混種的傳統。布根地的自然派釀酒師常對阿里哥蝶情有獨鍾，釀成許多有趣且美味的布根地葡萄酒。曾經跟隨 Philippe Parcalet 釀酒的 Romain Chapuis 自然也深受影響，以完全無添加的方式釀出酒體飽滿，卻又有靈活酸味的阿里哥蝶白酒。新近的阿里哥蝶自然氣泡酒甚至更加成功，完全體現了最新鮮爽脆的天性，不僅是美味好喝，也保有精巧細緻的風味。雖是小批次釀造的實驗之作，但連同 Derain 酒莊的 Chut Derain 氣泡酒，已可預期自然派的阿里哥蝶氣泡酒，將會是布根地酒業的新經典。

產區：Bourgogne
產國：法國
生產者：Maison Chapuis Frères
酒名：Pétillant Naturel
年分：2018
類型：自然派氣泡白酒
品種：阿里哥蝶（Aligoté）
進口商：歐孚

03 自然派氣泡橘酒

　　台中和彰化雖是台灣葡萄產量最高的地方，卻也是釀造葡萄酒的逆境風土，此地高溫多濕，生長季常飽受颱風威脅和摧殘，僅有的幾個品種都各有難解的缺陷。風土的滋味源於對自然與環境的認識和理解，進而成就出地區特有的風味，爲了探尋台灣自然派風土滋味的可能性，喝自然和在地酒莊威石東合作進行了 B&W 釀酒實驗計畫。2019 年雖是特別艱難的逆境年分，葡萄園遭遇長達數周的大雨澆灌，倖存的埔鹽木杉和后里金香不僅糖度低（僅勉強達到 9%），酸味也特別強勁，釀成氣泡酒是唯一可能的選擇。爲了增加質地，部分葡萄進行了一周的浸皮，除了葡萄本身之外，完全無任何添加，以原生酵母釀成了低干預的自然派氣泡酒。雖是嘗試之作，但走過風雨逆境的葡萄，卻讓這瓶酒有了最眞實的台灣味道。

產區：中部地區（后里埔鹽）
產國：台灣
生產者：Weightstone
酒名：B&W PN1
年分：2019
類型：自然派氣泡橘酒
品種：木杉 40%、金香 60%

04 Crémant du Jura, Indigene 瓶中二次發酵氣泡酒

　　如香檳等傳統氣泡酒釀製過程中，在進行瓶中二次發酵前，發酵的再次啓動必須利用在基酒中添加糖和選育的酵母。即使是強調低干擾、少添加的香檳酒莊，也都無可避免此過程。但這一款由 Stéphane Tissot 釀造且命名爲「原生」（Indigene）的侏羅氣泡酒（Crémant du Jura），卻是少數以原生酵母進行瓶中二次發酵的成功例子。法國麥桿酒（Vin de Paille）產區僅有兩個，而侏羅便是其一，此地葡萄採收後，會放在閣樓風乾兩到三個月才榨汁釀成甜酒。Stéphane Tissot 以此傳統，在基酒添加同園風乾葡萄榨成的葡萄汁，既有同園葡萄的糖分，也有活生生的原生酵母，完全符應了「原生」之名。只有在侏羅區，才能讓如此難得的氣泡酒，信手拈來不費工夫。

產區：Jura
產國：法國
生產者：Stéphane Tissot
酒名：Crémant du Jura, Indigene
年分：NV
類型：瓶中二次發酵氣泡酒
品種：夏多內（Chardonnay）
　　　50%、黑皮諾（Pinot Noir）
　　　40%、普薩（Poulsard）5%、
　　　土梭（Trousseau）5%
進口商：維納瑞

05 Muscadet 白酒

產區：Muscadet Sèvre et Maine
產國：法國
生產者：Domaine le Fay d'Homme
酒名：Fief des Coteaux
年分：2017
類型：白酒
品種：布根地香瓜（Melon de Bourgogne）
進口商：醇酒街

　　如果不釀得太商業，產區 Muscadet 是一個充滿礦石與海水感的地方，當地種植的葡萄品種布根地香瓜（Melon de Bourgogne）雖然風味較爲中性低調，卻剛好能更清晰地反映出各種地形的風土滋味，在主要以火成岩和變質岩爲主的 Muscadet 產區中，種植在黑色火成岩輝長岩（Gabbro）上的葡萄風味最爲特別，會變得更爲酸硬粗曠，帶有難馴的野性，必須經過長時間泡渣（sur lie）培養，才能熟成。這款以自然動力法耕作，來自 Domaine le Fay d'Homme 酒莊的六十年老樹園白酒，以原生酵母在地下酒槽發酵，完全無添加，經七個月安靜泡渣培養之後裝瓶。Vincent Caillé 的釀法極簡無華，卻是輝長岩風味得以最直接呈現的精彩傑作。

06 Coulanges La Vineuse 無添加白酒

產區：Bourgogne
產國：法國
生產者：Vini Viti Vinci
酒名：Bourgogne Coulanges La Vineuse, Chavan
年分：2017
類型：無添加白酒
品種：夏多內（Chardonnay）
進口商：旭宣

　　Bourgogne Coulanges La Vineuse 是布根地北邊的一個小產區，雖然在鐵路發明之前曾經種滿葡萄，但現在大概只剩下一百多公頃的葡萄園。出乎意料，這極冷的環境種的大多是黑皮諾（Pinot Noir），而夏多內（Chardonnay）僅餘十幾公頃，雖然少見，卻是專精於布根地北區的自然派酒商 Vini Viti Vinci 的重要酒款。即使氣候寒涼，釀酒師 Nicolas Vauthier 卻是經常耐心等待，直到葡萄完全成熟，甚至開始要過熟之後才採收，即使完全無添加糖分也能達到 13% 的酒精濃度，以原生酵母、無添加二氧化硫，並以無換桶和過濾的方式釀造，甚至特別在舊橡木桶中陳年二十個月，釀成一種布根地北方不太常見、既成熟豐滿，卻又活潑多酸的奇特均衡，讓北地的葡萄園也能有豐盈飽滿的酒體，以及豐富的熟果與蜂蜜香氣，更讓 Coulanges La Vineuse 有了另一種意想不到的格局。

07 Bairrada 白酒

　　葡萄牙中部的 Bairrada 是近大西洋岸、潮濕多雨且冷涼的產區，主產的酒種其實是氣泡酒，另外也以巴加（Baga）釀成的緊實多酸紅酒廣受注意。但是，由引領著新世代風潮的葡萄牙最知名釀酒師 Dirk van de Niepoort，所釀造的這款 Bairrada 白酒，證明此處多石灰岩的環境也是精彩的白酒產地。採用來自 Quinta de Baixo 莊園的八十年畢加（Bical）和瑪麗亞高梅茲（Maria Gomes）在地白葡萄，在八月採收，歷經十八個月的木槽發酵和培養，乳酸發酵亦不受干預地完成。酒精濃度雖僅 10.5%，但 Gonçalves Faria 白酒不僅多酸有活力，也帶著細緻的質地，即使已經熟成多年，仍然新鮮閃亮，輕巧卻精力充沛，具久藏潛力，成熟的香氣氤氳多變，熟果與蜂蠟香氣中帶有礦石和海水氣息，獨特的酒風充滿著迷人的未來感。

產區：Bairrada
產國：葡萄牙
生產者：Niepoort
酒名：Gonçalves Faria, Bairrada, Branco
年分：2013
類型：白酒
品種：畢加（Bical）、瑪麗亞高梅茲（Maria Gomes）
進口商：航海者

08 Parellada 白酒

　　帕雷亞達（Parellada）是加泰隆尼亞原生白葡萄品種，其酒精濃度低、酸味不多，卻常有清爽感，適合生長在高海拔地區，除了是 Cava 氣泡酒的經典三品種之一，也可釀成地中海岸少有的輕盈飄逸干白酒。位在 Penédes 中部的 Can Suriol 酒莊，特別採用產區西部高海拔山區的帕雷亞達，釀出這款迷人的單一園白酒。Can Peritxó 是一片擁有近九百年歷史的葡萄園，海拔 700 公尺，採用有機農法耕作二十餘年。釀造的方法相當簡單，採用原生酵母發酵，不刻意中止乳酸發酵，只在地下水泥酒槽進行四個月的泡渣培養，釀成酒精濃度僅 10.9%，質地輕柔，清新爽朗，帶著柑橘與香料香氣，讓人胃口大開，是此品種的完美呈現。

產區：Penédes
產國：西班牙
生產者：Can Suriol
酒名：Can Peritxó
年分：2017
類型：白酒
品種：帕雷亞達（Parellada）
進口商：深杯子

09 陶罐發酵白格那希白酒

　　西班牙加泰隆尼亞最南端的 Terra Alta 產區，是全世界種植最多白格那希的地方。這個不太被理解的白葡萄，有著高酒精濃度、酸味低且容易氧化的天性，現下愛好者並不太多。但出生於 Terra Alta 產區的西班牙自然派先鋒 Laureano Serres Montagut，卻是相當擅長用低干預釀法，彰顯白格那希的獨特價值。傳統的白葡萄園經常混種一些風味更硬實、多一些酸味的馬卡貝歐（Macabeo），讓白格那希可以保有均衡感。Laureano 特別採用來自 Vilalba dels Arcs 村的高海拔石灰岩葡萄園，將兩個品種一起放進陶罐混釀，完成酒精和乳酸發酵後，再放入不鏽鋼槽培養兩個月後裝瓶，讓豐潤的酒體也能有爽朗的酸味，甜熟的果香中也能有細緻的白花與海水氣息，並留下爆米花般的餘香，成就巧妙版的白格那希風味。

產區：Terra Alta
產國：西班牙
生產者：Cellar Mendall
酒名：BB
年分：2018
類型：陶罐發酵白酒
品種：白格那希（Garnacha Blanca）80%、馬卡貝歐（Macabeo）20%
進口商：新生活

10 蜜思嘉橘酒

　　Domaine Gauby 和其村子 Galce 是法國南部一處自然派的烏托邦，在 Gauby 的引領和協助之下，群聚了許多自然派酒莊。無論紅酒或白酒，Domaine Gauby 都早已是 Roussillon 產區的偉大經典，而這款以兩種蜜思嘉葡萄泡皮釀成的橘酒，則是近年新增的酒款，但已儼然是教科書級的橘酒風格。產自板岩混合石灰岩土地的有機蜜思嘉葡萄，連梗帶皮整串泡皮發酵，兩周後榨汁，續在水泥和木槽培養六個月後裝瓶，除了葡萄完全無添加其他任何物質。雖然氧化程度深，酒色帶磚紅色，卻有變化細膩的獨特香料系酒香，口感出乎意料地高挺多酸，相當有力道和生命力。加烈的蜜思嘉甜酒是 Roussillon 產區重要傳統酒種，Domaine Gauby 透過這款精彩的橘酒，為這個日漸失去市場的葡萄找出了新的未來。

產區：Roussillon（IGP des Côtes Catalanes）
產國：法國
生產者：Domaine Gauby
酒名：La Jasse
年分：2018
類型：橘酒
品種：小粒種蜜思嘉（Muscat Petit Grain）85%、亞歷山大蜜思嘉（Muscat d'Alexandrie）
進口商：詩人酒窖

11 Pinot Gris
灰皮諾橘酒

產區：Central Otago
產國：紐西蘭
生產者：Sato
酒名：L'atypique
年分：2016
類型：橘酒
品種：灰皮諾（Pinot Gris）87%、
　　　麗絲玲（Riesling）13%
進口商：鈞太

　　紐西蘭南島中部的 Central Otago，是全球知名的黑皮諾產區，以奔放的香氣和宏偉的酒體獨樹一格。這裡的大陸性氣候和板岩地形，也相當適合釀造麗絲玲（Riesling）和灰皮諾（Pinot Gris）白酒，在奔放果香中也同時充滿礦石感。由日本移居此地的 Sato 夫婦，採用以自然動力法耕作的葡萄釀造這款非典型灰皮諾。原生酵母發酵，僅在裝瓶時添加微量的二氧化硫，但最特別的是，經過二十二天的泡皮，保留部分整串葡萄帶梗一起發酵，也加入一些麗絲玲混釀。榨汁後再於橡木桶進行長達十五個月的培養，釀成一款琥珀色的橘酒，其香氣奔放，熱帶熟果香中混著香料與礦石氣息，質地豐潤深厚，帶著些微苦味和澀味，相當有個性，為 Central Otago 產區增添新的風土滋味。

12 奧地利橘酒

　　以「灰色自由」為名且完全無添加的橘酒，因採用頗多的灰皮諾（Pinot Gris）進行泡皮，顏色更接近粉紅酒，這款酒也是頗為大型的菁英酒莊之旗艦自然派系列橘酒。葡萄來自位處 Neusiedlersee 淺水湖西側山坡的 Leithaberg，是奧地利最溫暖的產區之一。葡萄園採用自然動力法耕作，選取種植在頁岩土地的灰皮諾，以及石灰岩質區塊的夏多內（Chardonnay）和白皮諾（Pinot Blanc）。手工採收的葡萄沒有去梗，整串在酒槽發酵與泡皮十五天，經輕柔的榨汁後，在木桶中完成乳酸發酵並延長培養達十七個月。釀成的橘酒香氣奔放，兼具莓果和香料系酒香，酒精濃度雖不高，但酒體風格結實且深厚，相當具氣勢。因為未經過濾和澄清，帶有些許沉澱的酒渣，酒莊甚至建議搖瓶後再喝，風味更佳。

產區：Leithaberg
產國：奧地利
生產者：Weingut Heinrich
酒名：Graue Freyheit
年分：2017
類型：泡皮橘酒
品種：灰皮諾（Pinot Gris）40%、
　　　白皮諾（Pinot Blanc）
　　　40%、夏多內（Chardonnay）
　　　20%
進口商：酩洋

13 奧地利混釀紅酒

　　雖然已經是第三代葡萄農酒莊了，但 Rennersistas 在 2015 年才由 Renner 家族的兩姊妹 Susanne 和 Stefanie 創立，並開始以自然派理念釀造葡萄酒。酒莊位在奧地利 Burgenland 北區的 Gols 村，是當地重要的酒業中心，位處 Neusiedlersee 淺水湖的東北角，擁有奧地利少見的溫暖氣候，以釀造紅酒聞名。「等待湯姆系列」（Waiting for Tom）包含多種酒款，這款品種混釀的紅酒取用當地最重要且產自村內的藍弗朗克（Blaufränkisch）、茨威格（Zweigelt）、聖羅蘭（St. Laurent），最妙的是，為了讓酒液更鮮美、更精緻靈動，她們還將其中 40% 的黑葡萄先榨汁，再混回一起泡皮，成為果香奔放的超強完美佐餐酒，一喝便胃口大開。

產區：Burgenland
產國：奧地利
生產者：Rennersistas
酒名：Waiting for Tom, Rot
年分：2017
類型：淡紅酒
品種：藍弗朗克（Blaufränkisch）、
　　　茨威格（Zweigelt）、聖羅
　　　蘭（St. Laurent）
進口商：Indie Drinkster

14 黑白格那希混釀淡紅酒

　　這是一款由自然派葡萄農夫妻共同協作的美味紅酒，莊主兼釀酒師 Julie Brosselin 經常在紅酒添加一些白葡萄，一起混釀成可口，也更均衡細緻的風格，即使在乾熱的地中海岸，也能釀成質地精巧，卻仍帶有地方特色的紅酒。這款以退潮為名的紅酒 Marée Basse，由 Julie 以自家白格那希，加入同日採收自先生 Ivo Ferreira 酒莊 Domaine de l'Escarpolette 的黑格那希，一起混和釀造，另外還添加了一些仙梭（Cinsault）與希哈（Syrah）一起發酵。釀法雖然新奇，但法國南部傳統葡萄園，其實也經常將黑、白葡萄混種一園，一起採收，一起混釀，產出非常適合佐餐的可口紅酒。黑、白混釀正是讓葡萄酒回歸佐餐飲料功能的最簡易古法。

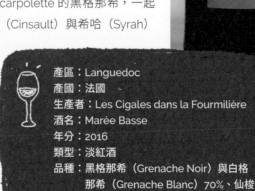

產區：Languedoc
產國：法國
生產者：Les Cigales dans la Fourmilière
酒名：Marée Basse
年分：2016
類型：淡紅酒
品種：黑格那希（Grenache Noir）與白格
　　　那希（Grenache Blanc）70%、仙梭
　　　（Cinsault）20%、希哈（Syrah）10%
進口商：是酒

15 最傳統的 Etna 風味

Frank Cornelissen 是 Etna 產區的自然派先鋒釀酒師，除了旗艦酒款 Magma，釀造相當多單一園的頂尖酒款，不過，這瓶入門款的 Susucaru Rosso 卻可能是最經典的傳統 Etna 產區風味。混調來自多片葡萄園的葡萄酒，而且大部分都是混種園，這些樹齡在五十年以上的老樹園，雖然主要種植馬斯卡斯奈萊洛（Nerello Mascalese），但也經常混種著多樣品種，黑、白葡萄都有，一起採收，一起混釀是當地最傳統的釀造方法，也是最能釀成香氣多變、自然均衡、結構細緻且具個性的佐餐紅酒。Frank Cornelissen 的釀造方式相當極簡，葡萄全部去梗，以原生酵母發酵，經過兩個月少擾動的長泡皮，最後在酒槽培養幾個月後裝瓶，沒有添加，或僅加極微量的二氧化硫。釀酒師往後退一步，讓 Etna 產區風土特性自我展現。

產區：Etna（IGP Terre Siciliane Nerello Mascalese）
產國：義大利
生產者：Frank Cornelissen
酒名：Susucaru Rosso
年分：2017
類型：淡紅酒
品種：馬斯卡斯奈萊洛（Nerello Mascalese）85%、卡布奇奧奈萊洛（Nerello Cappuccio）、Minella Nera、Allicante Bouschet、Minella Bianco
進口商：捷孚

16 Brouilly 紅酒

Brouilly 是面積最大、位置最偏南、風土最多樣的薄酒萊特級村莊產區，自然派經典酒莊 Georges Descombes 的這款 Brouilly 紅酒，來自產區最西邊、海拔最高（超過 500 公尺）且滿布花崗岩的葡萄園，因過於斜陡，常只能仰賴手工耕作。雖然採用有機種植的 3.5 公頃園中，三十五年以上的老樹會另外釀成特別版的 Vieilles Vignes，但這款年輕加美（Gamay）釀成的薄酒萊，因為較少溫度控制和木桶培養，反能展現更經典的 Brouilly 產區風格。以源自 Jules Chauvet 且最經典的半二氧化碳泡皮法釀造，除了整串無去梗的葡萄，也完全無添加。成熟漿果香氣中，帶有獨特的香料系氣息和土地的芳香，Brouilly 紅酒一貫的柔和鮮美，高海拔的爽朗酸味和自然派的律動活力，凝聚成讓人胃口大開、忍不住要多喝幾杯的迷人薄酒萊。

產區：Beaujolais（Brouilly）
產國：法國
生產者：Georges Descombes
酒名：Brouilly
年分：2016
類型：二氧化碳泡皮法紅酒
品種：加美（Gamay）
進口商：心世紀

17 波爾多自然派紅酒

雖然偏處極東北角落的 Côte de Franc，但 Château Le Puy 酒莊卻是波爾多自然動力農法和自然派釀造的先鋒，不只自成一格，並且承續了許多正在消失的珍貴智慧。Emilien 是酒莊最主要的紅酒，採用酒莊一旁位處石灰岩質地塊的 Les Rocs 園釀造，這片以自然動力法耕作，混種著梅洛（Merlot）和卡本內蘇維濃（Cabernet Sauvignon）的葡萄園，同時採收，也一起混釀，無添加二氧化硫和選育酵母，葡萄去梗後採用無擾動的格柵法，未經踩皮和淋汁。釀成後，以舊木桶培養，依自然動力年曆定期進行強化攪拌，培養兩年後直接裝瓶，無過濾和澄清。在特別講究專業分工與製程控管的波爾多，Château Le Puy 融合一體的美味均衡和極為耐久的驚人實力，正是波爾多葡萄酒業珍貴的一面明鏡，映照出現代釀酒學的單一與不足。

產區：Bordeaux（Côtes de Bordeaux）
產國：法國
生產者：Ch. Le Puy
酒名：Emilien
年分：2016
類型：少添加紅酒
品種：梅洛（Merlot）85%、卡本內蘇維濃（Cabernet Sauvignon）15
進口商：長榮桂冠酒坊

18 Alsace Pinot Noir

以自然動力法耕作的 Jean-Paul Schmitt 雖然如同大部分的阿爾薩斯酒莊，生產相當多不同品種和類型的葡萄酒，但特別的是，酒莊酒款全都來自同一片葡萄園 Rittersberg。這片位處朝南和東南向陽山坡的葡萄園，主要為花崗岩質和砂質地塊，環境特別乾熱，葡萄因此擁有相當好的成熟度，是極佳的麗絲玲（Riesling）風土。園中也有部分地帶以紅色黏土為主，甚至還帶有一些石灰岩質，特別適合黑皮諾（Pinot Noir）。在阿爾薩斯，黑皮諾少有機會種在最好的環境，但這款 Grand Reserve 卻是例外。經過十三個月的木桶培養，釀成當地紅酒少見的深沉酒色和結實結構，具備頗為雄偉的格局和多變香氣。原生酵母發酵，完全沒有添加二氧化硫，卻仍保有乾淨優雅的酒風。

產區：Alsace
產國：法國
生產者：Domaine Jean-Paul Schmitt
酒名：Pinot Noir Grand Reserve
年分：2015
類型：少添加紅酒
品種：黑皮諾（Pinot Noir）
進口商：餐桌有酒

19 Touraine
混調紅酒

　　馬爾貝克（Côt）、卡本內弗朗（Cabernet Franc）和加美（Gamay）是羅亞爾河中部都漢區（Touraine）的重要調配品種，特別是副產區 Amboise。「Côt」一名其實是馬爾貝克（Malbec）在羅亞爾河的名字，最早可能從十六世紀就種植於此，是品種的最北極限，原產自法國西南部的卡本內弗朗也是如此，連同加美一起混調成北方產區特有的可口鮮美和爽脆質地。Delecheneau 夫婦釀造的這款 Ad Libitum 正是此 Touraine 紅酒的調配典範。來自三片以自然動力法耕作的葡萄園，分開釀造後再調配，最後於水泥酒槽一起培養四個月。如此美味易飲的酒款，沒有特別的釀造技術，反而能有絲滑般的精緻質地、讓味蕾甦醒的律動能量，以及帶海水感的迷人餘味。平凡中見偉大正是許多自然派釀造最引人之處。

產區：Touraine
產國：法國
生產者：Domaine La Grange Tiphaine
酒名：Ad Libitum
年分：2018
類型：少干預紅酒
品種：馬爾貝克（Côt）、卡本內弗朗（Cabernet Franc）、加美（Gamay）
進口商：根源酒藏

20 Villányi
紅酒

　　匈牙利最偏南方的維拉尼區（Villány）擁有最炎熱且極端的大陸性氣候，並伴隨一些地中海影響，是當地知名的紅酒產區，常有大格局的酒體和濃郁風味。但採用有機種植和少干預的自然派釀法的 Hummel 酒莊，卻呈顯了維拉尼區紅酒更為細緻的精巧風味。這款紅酒以產自黃土地的藍葡萄牙人（Blauer Portugieser）釀造，果實來自 Nagytótfalu 村的單一園，手工採收，去梗泡皮，原生酵母發酵，添加極少量二氧化硫，在塑鋼酒槽培養成酒精濃度低、有爽脆酸味，且如布根地般風格細緻飄逸的迷人紅酒。雖然和此品種天性，及維拉尼區酒風的印象不太一樣，但這正說明了透過自然派「適時放手」所展現的風土面貌，可能才是最接近真實的滋味。

產區：Villányi
產國：匈牙利
生產者：Weingut Hummel
酒名：Portugieser Nagytótfalu
年分：2014
類型：紅酒
品種：藍葡萄牙人（Blauer Portugieser）
進口商：多卡伊

21 完美的西西里混調紅酒

　　顏色淺淡、口感輕柔優雅且多新鮮花果香氣的弗萊帕托（Frappato），混和了色深濃縮、多酸有力的黑達沃拉（Nero d'Avola），這正是義大利西西里島東南角 Victoria 區的經典紅酒混調。由 Arianna Occhipinti 以有機種植和自然派釀法釀成的 SP68，雖然只是酒莊入門款紅酒，但這個完美典型的西西里紅酒調配，鮮美精巧，豐潤均衡，爽脆的酸味讓酒充滿活力，還有細緻的櫻桃與花系香氣，實在很難要求更多了。SP68是通過酒莊的道路名稱，葡萄種植在砂質石灰岩黏土的和緩丘陵區，只經大約十五日的短暫泡皮，榨汁後，經六個月的酒槽培養。原生酵母無添加的簡單釀法，自然天成般地一面充滿陽光，一面帶著清涼感，是爲帶著矛盾對反的西西里式愉悅滋味。

產區：Sicile（IGT Terre Siciliane）
產國：義大利
生產者：Occhipinti
酒名：SP68, Rosso
年分：2017
類型：紅酒
品種：弗萊帕托（Frappato）70%、
　　　黑達沃拉（Nero d'Avola）
　　　30%
進口商：興饗

22 加那利 群島紅酒

　　偏遠孤立的島嶼常常是葡萄品種的諾亞方舟，除了保留珍貴多樣的 DNA，也保存了在大陸上遺失的種植古法，常能帶來意想不到的奇妙滋味。這款酒來自西班牙加那利群島最大的 Tenerife 島北岸 Valle de la Orotava 區，由一群年輕自然派釀酒師組成的 Envinate 團隊，精心釀成精細輕巧型的紅酒。葡萄採用自 La Perdoma 村內的兩片古園，海拔 600 公尺的 La Habaner 有百年樹齡，300 公尺高的 San Antonio 園甚至高齡達一百二十年。葡萄都沒有經過嫁接，原根種植少見的黑麗詩丹（Listan Negro）葡萄，以綁辮子般的奇特方法引枝。部分整串進行長泡皮發酵，部分則短泡皮十二天，接著在法國舊桶培養十二個月。釀成帶有礦石與海水氣息、酒體輕巧匀稱的大西洋滋味。

產區：Tenerife
產國：西班牙
生產者：Envinate
酒名：Migan Tinto
年分：2016
類型：紅酒
品種：黑麗詩丹（Listan Negro）
進口商：莎祿

23 智利 Pipeño 紅酒

雖然偏處遙遠的南美洲，但智利卻主要生產國際風葡萄酒款，在現代化酒業尚未觸及的晦暗處，仍舊藏著珍貴的寶藏。在 Valle del Maule 產區的 Cauquenes，仍有一些老農以古法種植果串大、顏色淺且源自西班牙的帕伊斯（País）葡萄。這瓶 2018 年的 Pipeño 即來自 Coronel del Maule 村花崗岩質砂地的老樹園，樹齡超過兩百五十年，有些甚至達三百年以上。在移居智利的法裔釀酒師 Louis-Antoine Luyt 的協助下，Perez 家族採收、去梗、擠汁全靠手工簡單釀造，完全無添加，將帕伊斯釀成粗獷卻又鮮美可口的紅酒。Louis-Antoine Luyt 說帕伊斯是嬉皮版的黑皮諾（Pinot Noir），Pipeño 雖然混濁，帶些氧化氣息，但卻擁有智利酒業最欠缺的——自由與野性的靈魂。

產區：Cauquenes
產國：智利
生產者：Louis-Antoine Luyt
酒名：Pipeño, Coronel del Maule
年分：2018
類型：自然派紅酒
品種：帕伊斯（País）
進口商：斯饗

24 加州 Mourvèdre 紅酒

慕維得爾（Mourvèdre）深根加州已有超過一百五十年的歷史，特別晚熟且適應乾熱氣候的特性，相當適合加州的葡萄園，但經常藏身在較不知名的產區，作為調配原料，很少單獨裝瓶。近年來開始有了些轉變，例如自然派的年輕酒莊 Dirty and Rowdy 每年生產來自加州不同風土環境的慕維得爾紅酒，高達九款，其中 Familiar 是從加州五個區透過選桶調配而成，也許正能展現慕維得爾在加州的代表風格。釀酒師 Hardy Wallace 偏好採用整串葡萄釀造，無添加，減少萃取，讓色深濃縮的慕維得爾也能擁有如薄酒萊般的鮮美，其細緻多變的質地反能保有更多的細節變化，呈顯出此品種難得的全新格局。

產區：加州 Central Coast
產國：美國
生產者：Dirty and Rowdy
酒名：Mourvedre Familiar
年分：2018
類型：紅酒
品種：慕維得爾（Mourvèdre）
進口商：璞源

餐桌有酒，是品味也是生活

對葡萄酒的一切充滿熱情

餐桌有酒介紹各種餐酒搭配，推薦優質餐酒餐廳，舉辦品酒大小活動

單杯酒計畫

把你的3杯酒變30杯

單杯酒計畫會員於有效方案內，至任一間餐桌有酒合作餐廳即可免費兌換一杯酒。

用一頓飯的時間好好認識一杯酒

嚴選多樣酒款，兌換同時附上酒款介紹，讓你每天喝、每天學，輕鬆變成酒類專家！

上哪吃飯喝酒交給餐桌有酒

選餐廳怕踩雷？我們有葡萄酒、餐飲等專業人士為你把關品質，從此放心享用美酒美食。

B&W 釀酒實驗計畫
——探尋台灣自然派的風土滋味

撰文攝影‧林裕森

2019年夏天誕生的「B&W」，正是一場前所未有的自然派釀造實驗。這個釀酒計畫挑戰的是捨棄選育酵母與二氧化硫。在經歷酒莊成立以來最嚴厲的天候考驗後，終於在今年年末，完成了台灣本地的第一批自然派氣泡酒。

「在地原生」是自然派的核心價值之一，自然酒革新運動不只滲透到全球最知名的主流產區（如布根地），也讓許多原本不受注意、相當邊緣的產地（如喬治亞），因自然派的發展得以重拾自信，釀出更多獨特且美味的在地風味。位處葡萄酒業邊陲的台灣，近年來，邊緣小眾的自然酒社群從無到有，開始驚人的增長。當在地葡萄酒飲者開始接受更多元的美味價值，可以理解和喜愛跳出既有框架的自然派葡萄酒時，因為環境限制，只能釀造非典型葡萄酒的台灣葡萄酒廠，突然有了一個絕佳的表現機會。自然派運動會如何在台灣島上落地生根？又將開出什麼樣的美麗花朵呢？

B&W：台灣葡萄酒的膽識與勇氣

自然派打破了現代釀酒學興起後，因應大規模生產所制定的釀酒原則與框架，重新找回傳統小農被忽略和遺忘的釀酒傳統。看似低科技的手造古法，常能轉而成為創新的動力和靈感來源，釀出許多葡萄酒的新風味，包括白葡萄泡皮釀成的橘酒、陶罐培養、黑白葡萄混釀，或漂浮酵母培養等等，都因此有了全新的生命和價值，今日的葡萄酒世界，也因而展現未曾有過的繁華多樣。這些寶貴的經驗都為台灣葡萄酒的未來提供

了許多指引。唯一欠缺的，就只是跨出第一步的膽識和勇氣。

2019 年夏天誕生的 B&W，正是一個彼此互相壯膽、一起投入自然派釀造的實驗。「B」代表的是葡萄酒展「喝 自然」（Buvons Nature），那是 2016 年成立的在地自然酒展；「W」代表的是以釀造氣泡酒成名的「威石東葡萄酒莊」（Weightstone）。此合作計畫嘗試以威石東的在地經驗，結合自然派的理念和技術，釀造台灣本地的第一批自然派氣泡酒。

台灣位處亞熱帶，四面環海，氣候濕熱，溫差小，不太適合種植源自溫帶的葡萄樹，除了容易染病與成熟不易，葡萄也常被夏季颱風摧毀，特別是冬季溫度不夠低，少了冬眠期便會造成發芽率低，葡萄農必須時常利用催芽劑，才能讓葡萄均衡穩定地發芽。自然環境已如此，島上也找不到任何優質的釀酒葡萄。台灣主要品種金香與黑后，都是混有美洲種葡萄的人工雜交種，而現今全球所有高級葡萄酒，幾乎全都採用純歐洲種葡萄（Viti Vinifera）釀造。金香酸味不高，香氣也不夠清新；黑后則高酸，酒體單薄，粗獷多草味，兩者都不是釀造精緻白酒與紅酒的首選品種。威石東也種植台中農試所選育的木杉葡萄，雖有較豐沛的熱帶果香，但酸味仍顯不足。

2019 的最大挑戰

雖然環境如此艱困，但僅有六年釀酒經驗的威石東，卻已經從自然的不足與葡萄的缺陷中，迂迴巧妙地釀造出幾款自成一格的珍貴美釀，特別是黑中灰（Gris de Noirs）淡粉紅氣泡酒，他將黑后在釀造紅酒時的甜度不足與酸味極高之缺陷，兜轉成氣泡酒基酒的完美優點。採用瓶中二次發酵法，釀出氣泡細緻、香氣內斂優雅的風格，原本粗獷的草味化成了新鮮香草，也有了未曾在紅酒出現的紅色漿果香，而且有著氣泡酒最不可或缺的爽脆酸味與活力。

2019 年的 B&W 釀酒計畫中，威石東要挑戰的是完全捨棄選育酵母與二氧化硫，這兩者是為求穩定發酵，以及保護葡萄免於氧化與細菌感染，而在一般釀造經常採用。當然，更不會加糖以提高酒精濃度，因此威石東也必須放棄相當熟稔的瓶中二次發酵法（即俗稱的香檳法），因為須添加糖和酵母，他改採提前裝瓶的祖傳法（méthode ancestrale），這樣的氣泡酒製法在自然派已經相當普遍，通常叫做自然氣泡酒（Pétillant Naturel），甚至有更常用的可愛暱稱「Pét-Nat」。威石東計畫以埔鹽的木杉和后里的金香一起混釀，同時嘗試進行泡皮，釀成氣泡橘酒。

不過，2019 年最大的挑戰其實並不是釀造，而是如何克服惡劣的天候條件，同時栽培出健康成熟的葡萄。威石東的 Vivian 說，這是酒莊成立以來，老天給的最嚴厲考驗。冬季均溫比平時高出 4℃，暖冬讓葡萄無法完全休眠，導致春天發芽率驟減 80%。接下來三個月的生長季中，下大雨的日子就將近兩個月，因雨水干擾而開花不順，使得原已不多的花穗結果率更低。潮濕高溫的環境又成了黴菌的溫床，葡萄遭受嚴重的病菌侵襲，必須不斷汰選掉染病的葡萄以避免感染，若不提早採收，只能眼見葡萄全部爛光。最後逃過摧殘並撐到採收季的葡萄，大約只剩下去年的 15%。

```
1 | 2
--+--
  | 3
```

1 為避開白日的炎熱高溫，威石東酒莊已經非常習慣帶著頭燈夜採。
2 收成的三分之一以手工去梗、擠粒。
3 在每公升殘糖只剩下 15 克時，便停止泡皮。

計劃與變化

　　採收時間在 7 月 13 日的清晨和晚上，威石東已經非常習慣帶著頭燈夜採，以避開白天的高溫，但自然酒的釀造必須經過更嚴格的逐粒淘汰有問題的葡萄，即使產量極低，進度卻是相當緩慢。葡萄帶回酒窖後會先進冷藏室降溫，隔天再處理。因擔心葡萄不夠熟，盡數泡皮會有過多草味，因此改爲三分之一以手工去梗與擠粒，並保留 5% 的整串葡萄，其餘的葡萄則用氣墊式榨汁機壓榨，比例大約是 40% 木杉與 60% 金香。因爲沒有二氧化硫的保護，榨出來的葡萄汁很快就氧化成深琥珀色，不過，一如預期，在一夜的冷泡之後，顏色即開始轉淡。爲了讓發酵迅速展開以免雜菌作怪，在採收的前三天，威石東已經先用埔鹽的木杉葡萄培養原生酵母，酵母在 7 月 15 日加入酒槽，啓動發酵，同時開始每日兩次的手工踩皮。

　　不同於香檳的瓶中二次發酵釀法，釀造 Pét-Nat 自然派氣泡酒時，雖然也是原瓶發酵，但酒精發酵還沒完成前就裝瓶，讓酒中剩餘的糖分繼續在瓶中發酵成爲氣泡酒。考量到這次果實經過泡皮，但沒有過濾，擔心氣泡太多反會影響均衡以及產生噴濺，因此殘糖不能留太多。到了 7 月 22 日早上，每公升殘糖只剩下 15 克（一般香檳會添加 20 ～ 24 克的糖進行二次發酵），此時便依計畫停止泡皮，並開始裝瓶。今年埔鹽產出相當多不熟的木杉青葡萄，威石東今年特別採收榨成高酸味青葡萄汁，稱爲「Verjus」。他們發現若在酒中添加了微量的 0.5%，可讓酒更有活力，因此決定另外釀造一款添加了些許青葡萄汁的特別版「Special Cuvée」。

順自然而生的台灣味

完成裝瓶後，釀造便大致完工，只剩等待。不過，為了實測延長泡皮的影響，便在酒槽保留一些葡萄酒與葡萄皮，繼續進行發酵和泡皮的實驗，其中一部分甚至泡皮達四十天，再經過三周的陶罐培養。實驗酒液雖僅數十公升，但最後卻另有妙用。到了 10 月，瓶中發酵已經完成，但酒渣卻比預期多出數倍，於是決定先進行部分除渣，威石東對於手工搖瓶除渣已經相當有經驗，但首次 Pét-Nat 的除渣試驗，卻發生嚴重噴濺，最後選擇採用延長泡皮的無氣泡橘酒補液，才完成了這次釀酒計畫的最終成品，取名為「PN1」，因是泡皮一周的 Pét-Nat 氣泡酒。

同槽釀造的葡萄酒最後又融合在一起了，但這純粹只是誤打誤撞的巧合，最後完成的「B&W PN1」與初始計畫有著完全不一樣的面貌，原本以為高度氧化和浸泡葡萄皮的製程，會讓酒多一些香料系的香氣，也多一些強硬結構，為威石東輕巧優雅的風格增添野性和不修邊幅的親切感，但這些走過風雨困頓的金香和木杉葡萄以及埔鹽園裡的酵母菌，似乎並不同意我們安排的劇本，堅持要走自己的路。現在初釀成的「PN1」顏色淺淡，泡沫輕柔綿細，內斂的果香伴著細緻的草系香氣，爽口開胃，卻也自有細節，完全不像才剛誕生而酒精濃度僅有 9% 的氣泡酒。

這會是台灣風土的樣貌嗎？至少，透過自然派，B&W 選擇了面對台灣葡萄酒逆境最良善的態度，選擇以服從與接納面對自然，而最真實的台灣味道自然就會蘊藏其中了。

1	3	4
2		

1 正進行搖瓶的「PN1」與「PN1 Special Cuvée」。
2 經驗老道的威石東卻也在首次 Pét-Nat 的除渣試驗，意外面臨嚴重噴濺問題。
3 剩下的實驗酒液因此派上用場，為意外嚴重噴濺的酒瓶進行補液。
4 B&W 釀酒計畫的最終成品：「PN1」。

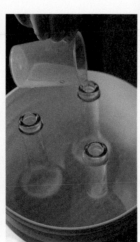

經典風土滋味的再定義
——專訪四位自然派釀酒師

採訪撰文·林裕森／攝影·林裕森

在全球知名的經典歷史產區裡，自然派釀酒師們運用少添加，少干擾的釀酒方法，重新詮釋他們習以爲常的偉大風土環境，在既有的經典滋味外，成就不同以往，讓人耳目一新的自然派風土滋味。

Dirk Niepoort
Niepoort Wine
Douro 葡萄牙

葡萄牙最知名的釀酒師 Dirk Niepoort 是葡萄酒世界裡的先行者，不只以自成一格的自然派理念釀出許多跳出陳規的美味酒款，而且影響許多釀酒師對於現代釀酒學的深層反省，也在西班牙各地有非常多充滿創意的合作計畫。Niepoort 主要葡萄園所在的多羅 (Douro) 河谷是葡萄牙最重要的產酒流域，全世界最知名的加烈紅酒，波特酒 (Port) 就是產自多羅河谷兩岸險峻陡峭的葡萄園。但這一段最驚險的多羅河岸也在近年發展無需加烈也不帶甜味，以 Douro 爲名的多羅葡萄酒。

Niepoort 不僅是波特酒的菁英名廠，也在二十多年前帶領其他酒莊，啓動了非加烈葡萄酒的發展，因爲 Dirk 看到了多羅產區驚人的多樣性，有介於八十跟八百公尺的海拔高度，四面八方的山坡朝向以及 85 種不同的葡萄品種，這樣的自然條件讓看似炎熱乾燥，適合釀造酒體龐大，風味濃縮的加烈紅酒產區，也同樣能釀出高雅精巧，帶著爽脆質地的細緻風味，不僅是紅酒，甚至連白酒都能保有清爽感和活力。

Dirk 說：我們知道那些葡萄園可以釀出精彩的波特酒，只要從不同的角度重新思考非加烈酒須具備的風土條件就可以得到解答，秘密可能在朝北以及高海拔的葡萄園，在那些地方，葡萄的成熟模式會完全不同。不過他也認爲即使不知原因爲何，多羅區的板岩也常能讓相當甜熟的葡萄也能釀出帶新鮮的礦石感。Niepoort 自 1991 年份首釀至今的 Redoma 紅酒雄偉堅韌卻能保有精巧和均衡，正是多羅風土的最佳典範。

Alwin Jurtschitsch
Weingut Jurtschitsch
Kamptal 奧地利

悠曲曲 (Jurtschitsch) 是奧地利 Kamptal 區非常重要的歷史酒莊，自有的 62 公頃葡萄園中，有多達七片一級園 (Erste Largen)，而且包含了全奧地利最知名的歷史名園 Heiligenstein。現任的莊主艾文 - 悠曲曲 (Alwin Jurtschitsch) 從 2009 年開始接手家族酒莊，開始採行有機耕作跟自然派的釀造法。他說：每一個新世代的年輕釀酒師都需要重新地再發現與詮釋葡萄園的風土，而風土條件也一樣隨著時間轉換，不僅只是因為氣候變遷，也因為葡萄種植的方法在過去 40 年有了巨大的轉變。

為了提升葡萄園中生物的多樣性，讓生態更完整自足，艾文開始採用古法耕作，例如他在 Heiligenstein 葡萄園中種植果樹，很快的，他就發現葡萄園跟周遭環境有了連結，樹和樹之間有更好的互動，不過，代價是無法再使用機器耕作，只能全靠人工。Heiligenstein 葡萄園位處斜陡的砂岩山坡，多闢為梯田，朝南向陽頗為溫暖，但同時有自 Waldviertel 吹來的冷風，常可讓園中的麗絲玲 (Riesling) 釀出綜合成熟水果與礦石，強勁卻細緻多變的精彩白酒。

艾文除了釀造「普通」版本的 Heiligenstein，也挑選老樹釀成更為濃縮強勁，需更多時間等待成熟的 Alte Reben。但他發現在葡萄園東側小泉水邊，有較多石灰岩的區塊，在 2015 年決定要分開來單獨釀造，成為特別版的 Heiligenstein 麗絲玲白酒，取名為 Quelle，圓潤甜熟一些，美味易飲，雖然不特別典型，卻為這片偉大的葡萄園多了一個不一樣的發現和詮釋。

Thomas Carsin
Clos de L'Elu
Loire 法國

　　萊揚丘 (Coteaux du Layon) 是全世界最知名，以白梢楠 (Chenin Blanc) 葡萄釀造的甜酒產區。以極高的酸味聞名的的白梢楠，配合上有利貴腐葡萄滋長的多霧河谷地形和常為葡萄酒帶來豐厚酒體和礦石感的板岩土壤，使得萊揚丘的甜酒在奔放的甜熟果香中有內斂的礦石與香料系香氣，豐盛甜潤的口感有通電般的活潑酸味，構成充滿著活力的均衡感，耐久的潛力更是驚人，是全球最精采的貴腐葡萄酒產區之一，特別是緊鄰河谷邊，只有 30 公頃大的 Quatre Chaume，是萊揚丘最精華的特級園。

　　由托馬斯·卡珊 (Thomas Carsin) 創立的 Clos de L'Elu 酒莊，距離 Quatre Chaume 僅 400 公尺之遙。雖位處貴腐甜酒的精華地區，但托馬斯·卡珊卻只有在條件極佳的年份釀造貴腐甜酒，大部分的白梢楠葡萄都以自然無添加的方法，只釀成不帶甜味的白酒，他相信在萊揚丘的風土環境中，干型酒也一樣精彩。其中一款 Bastingage 干白酒採用低產量，相當成熟的白梢楠葡萄，釀成有許多糖漬檸檬與熟果香氣，質地油滑，相當豐盛飽滿的迷人口感，是典型的板岩和頁岩土地上特有的質地。

　　但更為特別的是 Ephata，採用更低產的 70 年老樹園，在壺型酒槽中發酵培養一年之後，繼續在 140 公升容量的小陶罐中繼續培養一年才裝瓶。釀出了白梢楠白酒少有的堅實結構和帶著海水氣息的獨特風味。托馬斯 - 卡珊對這些葡萄相當有信心，希望它們可以成就自己，將萊揚丘風土的滋味推往另一個極限。

Christophe Pacalet
Domaine C. Pacalet
Beaujolais 法國

Pacalet 在布根地是一個優雅細緻，精巧美妙的代名詞，由 Philippe Pacalet 釀造的黑皮諾紅酒更是布根地自然派的美好傑作。Christophe 是他的弟弟，在結束海外的廚師生涯之後，回到他們的舅舅 Marcel Lapierre 身邊學習釀酒，Marcel 是法國自然派的最先鋒釀酒師，在舅舅的協助下，包括幫他找到一座木造的百年垂直式榨汁機，Christoph 在薄酒萊成立了自己的酒商。跟哥哥一樣，Christophe 一開始並沒有自己的葡萄園，必須跟葡萄農買葡萄釀造。

在釀造法上，Christophe 則是延續了薄酒萊自然派相當經典的低溫二氧化碳泡皮法，因釀造時完全無添加保護，在採收後發酵前，葡萄都先在冷藏櫃中降溫保鮮，釀造時也保持低溫，延長泡皮的時間。釀成的加美紅酒相當純淨優雅。但葡萄酒的根基還是在於葡萄園，找尋理想的葡萄農合作是酒商最核心且關鍵的工作，例如他相當精彩的 Chénas 原本來自位在 Chassignol 的一片 0.6 公頃葡萄園，但葡萄農最近賣掉葡萄園，Christoph 也只能另尋他處。

認真找尋適合自己的風土，親自種植耕作便成為釀酒師最終極的目標。Les Labourons 是薄酒萊村莊 Fleurie 村中海拔最高的地方，也許因為海拔太高，且朝北，加美葡萄成熟度較低，過往並不太受注意。但在氣候變遷的今日卻可能是 Fleurie 村內最有未來的地段。Christophe 在 2018 年遇到一個難得的機緣，在這個滿布著粉紅色花崗岩的山坡買了 10 公頃的葡萄園和樹林。才第一個年份，即使還沒來得及採用有機種植，在炎熱的 2018 年就釀成相當細緻優雅，爽朗活潑的 Fleurie 紅酒，未來的新年分讓人充滿期待。

橘酒先鋒

專訪《Amber Revolution》作者

採訪 · 王琪／照片提供 · Simon Woolf

假如，你熱愛葡萄酒，但主業是科技業工程師；假如，你心裡一直想寫一本市面上還沒見過的葡萄酒書，但你也清楚那個主題很小眾；假如，你雖然因為葡萄酒部落客的身分而小有名氣，但還不是「葡萄酒男神林裕森」，也從沒寫過書。假如，你把出書計畫寄給出版社卻都遭到拒絕，而且拒絕你的不是一家、兩家，而是十三家！以上遭遇全被你碰上了，你還有信心完成這本書嗎？

賽門 · 沃爾夫（Simon J Woolf）的答案是：「沒人要出，那我就自己出！」這也正是《橘酒》（中文暫名，原文名 Amber Revolution）的出版背景。

出生於英國的賽門，在六年前因為工作的關係移居荷蘭阿姆斯特丹。他在大學時主修音樂系，專攻打擊樂，但三年音樂系的修習過後，並沒有因此變成古典樂達人，反而轉向大眾音樂。做了幾年的音響工程師後，一個科技業 IT 的高薪機會讓他移居到了阿姆斯特丹。因為對葡萄酒的愛好，幾年的業餘時間他始終一直認真撰寫自己的葡萄酒部落格（https://www.themorningclaret.com），主題多以有機、自然動力、自然酒與橘酒為主。

2011 年 10 月，他在義大利卡爾索的 Sandi Skerk 酒莊第一次嘗到了橘酒，他在書中稱之為超自然初體驗，這個經驗也在他心中種下了撰寫本書的種子。從有了寫書想法，進而計畫、研究、提案，一直到遭到十三

《橘酒》作者賽門 · 沃爾夫於阿姆斯特丹。（圖片來源 Han Furnee）

家出版社的拒絕，最後決定利用募資平台自力出版，賽門總共花了七年的時間，當中還有一年歷經是否該辭掉高薪工作專心寫書的遲疑與猶豫。

最初十三家出版社拒絕賽門的主要原因有兩個：其一在於「橘酒」這個主題實在小之又小；其二則是作者名氣不大，又沒出過書，對於任何出版社而言，這風險實在太大。但十三家出版社中，其實有一家知名英國出版社的編輯部非常想出這本書，而且已經開始討論合約細節了，最後卻因為出版社行銷部門的反對而作罷。國父孫中山革命十一次才成功，但賽門十三次都沒有成功。在一次次遭到拒絕的過程中，賽門跟他的女友伊莉莎白開玩笑地說：「若拒絕我的出版社超過十三家，那我就自己出這本書！」

2017 年秋季，賽門成功在 Kickstarter 募資網籌措到出版所需的資金。之後花了六個月專心書寫，隨後出版。2018 年不到數個月的時間就賣掉首刷，並在 2019 年出版了二版。目前此書正進行四個不同語言（中文、韓文、日文與義大利文）的翻譯，將在 2020 年由積木文化出版的繁體中文版，將是全球第一個外語翻譯版。

談到用募資網自行出版的心路歷程，賽門說：「這過程真是不容易！因為大眾看到的造勢活動，僅是整個計畫的十分之一，幕後的辛苦真是不足為外人道！」好在，賽門有著「強大」的顧問好友團。自行出版了兩本書的溫克・洛爾希（Wink Lorch）是賽門的好友，她同樣在 Kickstarter 募集到出版《Jura Wine》與《Wines of the French Alps》兩本書的資金，而這兩本也是相當小眾的葡萄酒書，她豐富的經驗對賽門的幫助相當大。此外，《橘酒》一書的攝影師萊恩・

∧ Ryan Opaz 於 Catavino Lab，攝於 2019 年。（圖片來源：Ryan Opaz）
∨ Josko Gravner 正將 qvevri 陶罐內的葡萄皮下壓，攝於 2017 年。（圖片來源：Ryan Opaz）

∧ Gravner 與 Radikon 等人，攝於 1990 年中期。（圖片來源：
Maurizio Frullani）
∨ Stanko Radikon。（圖片來源：Mauro Fermariello）

歐帕茲（Ryan Opaz）對電子平台的活動造勢擁有豐富經驗，他建議賽門在募資活動開始前務必做足功課，也因此賽門也先參加了一些線上課程。賽門說這些課程對他的幫助相當大，也讓他的活動從第一天開始便相當成功。賽門認為這一點對於任何線上集資活動來說，都是成功的主要關鍵。

不久前，《橘酒》得到了葡萄酒作家的重要大獎：「Louis Roederer 國際葡萄酒作家大賞」（Louis Roederer International Wine Writers' Awards）的「年度國際葡萄酒書大賞」（Domaine Faiveley International Wine Book of the Year Award）。這是極大鼓勵。「試想，我是自行出版，所以一切公關宣傳活動都是我自己來。剛開始我其實蠻擔心讀者對此書的反應。我不知道大家會不會用認真的態度看待這樣一本書。在沒有出版社支持的情況下，再加上一般人對自行出版通常難免略為輕視，因此能得到這個大獎，真是讓我感到無比驕傲。」

談到六個月專心寫作面對的最大挑戰，賽門認為是產區歷史的詳細著墨。「寫歷史事件是個重大的責任，不能隨意增添、減少或竄改。我必須進行許多研究，並反覆不斷地確認，花費的時間也大幅增加。經過多方查證仍無法確定的某些細節，我寧願撒手不寫。」他也提到書中對人物細節著墨的拿捏也同樣是個挑戰。「我到底該把一位生產者的描述寫得多詳細？到底要多深入他或她的生活？在在都需要仔細考量。」我問他，為何在本書對生產者 Gravner 描述得如此深入？

賽門說：「我認為 Gravner 是將東西方橘酒聯繫起來的關鍵。他是促成東西方橘酒運動的催化劑，是串連兩者的橋樑，更是大聲疾呼眾人對橘酒嚴肅以對的人。Gravner 和 Radikon，隨後又更近一步影響了其他許多生產者。對我而言，他是橘酒運動的重要人物，他找到了整個橘酒運動所遺失的那片拼圖。」

談到本書對葡萄酒世界的影響，賽門謙虛地表示，他不敢說本書造成了任何影響，但是他注意到越來越多人對此風格的葡萄酒開始有所了解，進而喜愛，他也因此感到相當開心。甚至連 WSET 葡萄酒四級的課程也從今年起開始將橘酒納入課程內容，他認為這是相當重要的一步。

我問他，之後還想再出書嗎？他說，「我已經寫上癮了！所以我已經著手進行下一本關於葡萄牙酒的書，預計在 2020 年出版。」這是另一個小眾又引人入勝的主題，令人期待！

賽門談葡萄酒

你的葡萄酒啓蒙師傅是誰？

有好幾個。像是安德魯 · 傑弗德（Andrew Jefford，知名葡萄酒作家，文章常見於《Decanter》雜誌），他在對的時間鼓勵了我，促使我開始寫作並改善我的文字風格。還有我的編輯斐麗詩 · 卡特（Felicite Carter），她對我文字的評論分析，對我幫助極大。另外，本書的攝影萊恩 · 歐帕茲（Ryan Opaz），是帶我進入且認識許多不同葡萄酒產區的重要人物。

對你而言，一款好的橘酒必須具備什麼條件？

其實就像選一款好的白酒，都必須擁有良好的均衡度與優雅度。

你在品飲橘酒最常碰到的缺陷爲何？

揮發酸，不過這並非在每種情況之下都能稱爲缺陷。因爲有時橘酒裡的些微揮發酸能帶出酒中的清新口感。但另一方面，若是揮發酸來自酒液已經氧化而不新鮮時，那樣的揮發酸就相當令人難以恭維。

人們對橘酒最大的誤解爲何？

最讓我受不了的是對橘酒不大了解的「葡萄酒專家」，他們總會說橘酒的顏色是來自氧化。錯！錯！錯！橘酒的顏色是來自浸皮過程，就像紅酒的不同色澤來自其葡萄皮一樣。

橘酒比一般白酒更具陳年實力嗎？

不一定。但就目前我的觀察而言，相當多的橘酒都太早上市。一款好的橘酒要能呈現最佳的質地與架構，這需要約莫兩年的時間。所以我十分喜歡 Prinčič、Radikon 與 Gravner 的酒款，他們總是等到葡萄酒陳年五年以上，才會將酒款上市。

∧ 喬治亞 Alaverdi 修道院。（圖片來源：Ryan Opaz）
∨ 2020 年即將推出繁體中文版的《Amber Revolution》

萬一有一天你漂流到了熱帶荒島，你會希望自己身邊恰巧帶著哪款酒？

我想我一定得說是橘酒，對吧？（笑）我希望是 Dario Prinčič 的 Trebez。因爲這款酒帶有美妙的酸度和濃郁的風味，相當適合在溫暖的天氣（荒島上）。」

你在倫敦與阿姆斯特丹最喜歡的自然酒吧是哪一間？

如果在倫敦，我喜歡去 Remedy。那裡氣氛佳，而且義大利與東歐等地的酒款選擇相當多。如果在阿姆斯特丹，則是 4850，一樣也是因爲多元的葡萄酒款。

BUVONS NATURE
喝自然葡萄酒展

在台灣，喝自然
專訪「喝 自然 Buvons Nature」
酒展創辦人

採訪撰文・Ingrid ／圖片提供・喝 自然

2016年11月，一場自然酒的品飲，是台灣最大自然酒展「喝 自然Buvons Nature」的開始。「喝 自然Buvons Nature」是一個以台灣爲據點的自然派葡萄酒展，試著希望能透過自然酒的品嘗與體驗，爲亞洲的飲者開闢一條與自然派相互通聯的幽幽小徑。目前已成爲台灣最重要、最盛大、最不可錯過的酒展之一。酒展創辦人、也是專營自然酒進口的「是酒」負責人葉姿伶（Rebecca），爲我們細數這個台灣規模最大的自然酒展一路發展的過程。

Q：「喝　自然 Buvons Nature」今年已經邁入第四年，規模更
　　是一次比一次顯著成長，葡萄酒愛好者也是每年都引頸期盼
　　自然酒展。很想知道這個酒展最初的起源。

A：酒展的起源始於 2016 年 11 月，因為我在日本、法國接觸自
　　然酒的過程中，深受自然派酒展所呈現的生態與文化所啓發，
　　暗自許下「要在台灣辦自然酒展」的願望。在創辦「是酒」
　　葡萄酒公司的同時，就決心要舉辦一個讓酒迷可以享受自然
　　派酒展當中的人情交流、多樣的自然酒面貌，以及酒農人格
　　魅力的展覽。因此第一屆「喝 自然 Buvons Nature」自然酒
　　展就這樣誕生了。

第一屆「喝自然 Buvons Nature」陰錯陽差
未能來到台灣的釀酒師 Dominique Derain，
在第三屆終於來到台灣與大家近距離交流。

Q：不知道首次辦酒展有沒有遇到什麼困難？

A：我們都知道，事情不會總是那麼一帆風順（笑）。自然酒強
　　調著釀酒師對於酒款風土的看法與執著，因此我們特別邀
　　請了在自然酒界深具影響力的釀酒師 Dominique Derain 來
　　台，當然活動也打著能與釀酒師親身交流的號召。沒想到，
　　Dominique 到了機場辦理登機時才發現自己的護照有效期限
　　過期了！連補辦護照的時間都沒有，Derain 馬上電召心愛的
　　弟子 Julien Altaber 奔赴機場、赴台北之約。沒辦法，這種「自
　　然隨意」的性格也是自然派釀酒師的魅力之一（笑）。最後，我們做了一頂 Dominique Derain 的面具，
　　讓與會夥伴們戴上，彷彿釀酒師也在現場與大家同樂，也反倒成為第一屆「喝　自然 Buvons Nature」
　　相當有趣的影像留念。

Q：這也眞的是辦活動令人最害怕也最有趣的地方。在意外促成的第一屆之後，第二屆又是在什麼因緣際會
　　之下舉辦的？

A：第二屆除了是酒之外，又增加了二個進口商夥伴一同舉行。2017 年初，透過裕森老師的規畫，是酒與詩
　　人酒窖及維納瑞三間進口商，共同舉辦了侏羅（Jura）酒展，當時覺得能跟志同道合的夥伴們一同努力，
　　眞是太開心了！因此厚著臉皮問他們是否願意一同參與第二屆「喝 自然 Buvons Nature」，他們兩位也
　　欣然答應。而且當時新生活葡萄酒旗下的薄酒來自然派莊主 Christophe Pacalet 也正好來台推廣葡萄酒，
　　順勢邀請他一同參與。另外，我們特別邀請了「我愛你學田」的主廚蘇彥彰，為我們準備了墨西哥捲餅
　　讓現場貴賓食用。好友相聚，一邊品飲美酒，一邊享用美食，這完全就是「喝 自然」想要創造的氛圍。

Q：記得第三屆很特別，不僅場地在美景一片的陽明山，還精心準備了現烤山豬肉。Rebecca 能跟我們分享
　　一下去年景況嗎？

A：延續前一年的餐酒搭配概念，第三屆剛開始的概念就是：熟悉的友人、舒適的環境與美味的烤山豬！最
　　後選擇了勘場時就一見鍾情的陽明山山腰舊美軍俱樂部 Brick Yard 33。半露天的場地加上陽明山風景，
　　一旁還有精心準備的燒烤，是最理想的自然派酒展的樣貌。
　　　去年我們特邀裕森老師擔任策展人，邀請了十間進口商共襄盛舉，規畫出十四種不同類型的自然酒種類，
　　用類型打破了「進口商」的藩籬，讓參加活動的大家更能了解自然酒的各種風味與特色。此外，那次還

請來了五位外國釀酒師來台，連番地安排了五場大師講堂，讓有心想要深入了解自然酒的愛好者，有機會與釀酒師近距離深入交流。

Q：活動規模一下子就提升了兩、三倍，想必迎來的煩惱與心得也是豐收吧？

A：沒錯，夢想越大，就有越多的細節要處理（笑）。半露天的場地非常舒適漂亮，但活動前一週每天都是暴雨不止，我們也必須開始考慮雨天備案；現烤山豬肉的野餐也聽起來非常美味，不過必須清晨 5 點開始處理，該解決場地 9 點才開門的問題。然後，敲定日期與場地後，我們才赫然發現當天是縣市長選舉，連當然協助的餐飲科學生們都可能無法準時到場，畢竟投票是全民權力，總不能要求他們放棄；場地又位於陽明山，光是從市區出發可能要花費一小時以上的交通時間，大家真的都來得及上山協助場地佈置嗎？所幸，事情都一一順利解決了。

規畫出十四種不同類型的自然酒種類，用類型打破了「進口商」的藩籬，讓參加活動的大家更能了解自然酒的各種風味與特色。

酒展當天晴空萬里，三五好友在戶外場地野餐，認真的愛好者一攤又一攤地用心做筆記，人們的表情就是十足享受冬日暖陽與美酒。當然那軟嫩多汁的烤山豬肉拼盤，絕對是所有與會者不曾忘記的美味亮點。瞬間覺得種種煩惱都值了！

Q：那麼，第四屆「喝 自然 Buvons Nature」又會有怎樣的新亮點呢？

A：今年參展的進口商數量創了新高。四年前首屆酒展時，自然酒的愛好者只有寥寥數人，進口商更是少之又少，但經過四年的耕耘與推廣，這次酒展共有二十四間進口商參與，甚至還有尚未引進來台的酒莊報名參加，預計將有超過兩百款自然酒，來台共襄盛舉的釀酒師更多達十二名，絕對精彩可期。而且，今年「喝 自然 Buvons Nature」更踏出「酒展」的舒適圈環境，進行了多項聯名活動：「BN ＋」。

Q：「BN ＋」是什麼樣的聯名活動？我們又該如何參加？

A：也就是以自然酒為號召，從 2018 年開始執行的「BNtribe」的聚落活動。這個平台的努力相當有成效，例如光是第三屆「喝自然 Buvons Nature」就有五十多名海外朋友購票參加，包含了美國、日本、香港、新加坡、上海等地。今年的活動包括與台灣在地葡萄酒莊威石東聯名釀製「PétNat 氣泡酒」、與台灣侍酒師協會聯名舉辦「釀酒師論壇」、串連北中南三地的自然酒吧定期舉行的「自然派的四季縱貫線計畫」等等，讓「喝自然 Buvons Nature」的活動不再只是單日的酒展，而成為長期活動。

Sfit

極輕巧隨行保溫瓶　　140ml　200ml

RED　　WHITE　SILVER　BLACK

台灣總代理：晴虹實業有限公司

#BNTribe

自然派的
2020 四季縱貫線計畫

採訪撰文．Ingrid

BNTribe
──自然酒迷時時關注的資訊平台

　　與「喝 自然」一起發展出來的 BNTribe，是一個提供全台各地自然酒相關活動資訊的網路平台，希望能夠帶動台灣的自然酒浪潮，與更多愛好者時時溝通，只要上網直接搜尋「BNTribe」，就可以在這個平台找到許許多多各地正在發生的自然酒活動。

　　2020 年最受矚目的 BNTibe 活動，是由「喝 自然 Buvons Natures」提議，聯手三位專業侍酒師組成了「YKM 自然酒館聯盟」，共同籌畫了一整年的主題品酒活動，預計將從台北、台中到台南，共十二場的四季主題品酒會。如同韋瓦第創作的《四季協奏曲》，試圖在春夏秋冬的季節中，感受到自然酒與季節變化的和諧曲調。

「淡紅酒的春天」：Clairet
百花盛開的春季，渲染了絢麗浪漫的色彩，用輕盈又不失個性的淡紅酒開啓全年度自然酒縱貫線計畫，再合適也不過。

「盛夏的自然氣泡酒」：Pét-Nat
清涼又具野趣的自然氣泡酒，新鮮活潑又可口，能大口暢飲，舒爽又解渴，是豔陽酷曬的夏日中消暑的不二選擇。

「琥珀色的秋天」：Amber/Orange Wine
因泡皮氧化釀造而成的琥珀酒色，正代表著歡慶與豐收的金色秋季，口感類型豐富且多變，正適合食慾之秋。

「陶罐窖藏紅與白的冬季」：Amphora Red & White Wine
使用陶罐培養的紅、白酒，帶有古樸純質的溫暖風格，在冬日品飲這類窖藏酒款，也許就能抵擋冬日的冷冽狂風吹襲。

＊每季確切活動日期請關注三間酒館粉絲頁

YKM 自然酒館聯盟陪你一路喝四季

Y ＝侍酒師 Yang

Yang 的「SommWhere 那個那裡」位於台南府城，是一間結合法式甜點與葡萄酒的小店，以自然葡萄酒為主的酒單與甜點是超級罕見的組合，時常變化的單杯酒單也是大家喜愛的原因。

SommWhere 那個那裡
📍 台南市東橋十街 9 號
📞 06-302-6690
🕐 週一、二公休；
　 週三、四、日 14:00 ～ 19:00；
　 週五、六 14:00 ～ 21:00
f www.facebook.com/sommwhere/

K ＝侍酒師 Kenny

Kenny 的「肯自然」位於台北市中心，鬧中取靜的小巷子裡總是充滿濃濃酒香。除了美好的自然酒，這裡也是葡萄酒名人時常出沒的地方，經過的話記得看看會遇到誰，當然也要喝上幾杯！

Can Nature 肯自然
📍 台北市大安區大安路二段 53 巷 4 號
📞 02-2700-0386
🕐 週二～週日 12:00 ～ 23:00，不定期公休，詳情請見粉絲頁
f www.facebook.com/CanNature.Taipei/

M ＝侍酒師 Max

Max 的「Wine Not」醞釀許久，最後決定造福中部的愛酒人。戲稱自己的店是藥房，台灣最帥侍酒師推薦的酒，不只自然好喝，更是身心靈的良藥。

Wine Not
📍 台中市南屯區大英街 422 號
📞 04-2320-5857
🕐 2019 年 12 月中旬正式開幕
f www.facebook.com/winenot.tw

「喝 自然」推薦全台自然酒商

01 莎祿 Salud

Salud 由葡萄酒作家、部落客侍酒夏娃 Eve 創辦。侍酒夏娃擁有 CETT 巴賽隆納大學之侍酒師 Diploma 學歷，目前居住在西班牙。莎祿的西班牙文 Salud 就是乾杯或健康。近幾年，西班牙葡萄酒是酒壇最受矚目的國家，它夾帶舊世界葡萄酒的優勢、優異的風土條件與釀酒技術，以黑馬之姿站上頂級葡萄酒的重要生產國！西班牙葡萄酒產業的這波復興運動，讓世人見到其爆發性的潛力。短短數十年裡，西班牙葡萄酒產業蓬勃發展，釀出了讓世界許多酒評專家眼睛一亮的葡萄酒，是近代世界最大一波葡萄酒復興運動。Salud 特別注重有機與自然耕種的議題，只挑選擁有最優異風土條件的產區、有機自然耕種，以及產量極度限量的話題性酒莊，支支擁有優異的性價比異，專業性在目前市場無可取代。Salud 是西班牙頂級精釀葡萄酒最零時差的接軌！Salud！敬人生！

SALUD

台北市大安區安和路一段 21 巷 19 號 B1
02-2711-8832
www.saludvino.com.tw

02 詩人酒窖 Le Cellier des Poètes

詩
人
Le
Cellier
des
Poètes
酒
窖

葡萄酒，一種活躍於人與人之間的佐餐飲品！它無所不在，量販店、零售商、餐廳裡或是朋友的家中，都可以看見葡萄酒的雪泥鴻爪。詩人酒窖，以單純的熱情步上葡萄酒之路：販售自己進口／代理的法國葡萄酒、推廣酒中的知識與樂趣、舉辦大大小小的葡萄酒聚會、幫著酒迷進入酒中的愛戀世界。原來，滋味可以這麼簡單，而一瓶好的葡萄酒，可以離感動這麼地近。這一切，就是一種與好友分享的態度；不造作、不扭捏。但其中，有酸、有澀、有苦、有甜，有的需要醞釀，有的把握當下；如同葡萄美酒、如同愛情、如同生活！生活，離不開餐桌，即便是全世界最好吃的料理，也不能沒有調味。葡萄酒，就是詩人酒窖對生活的調味！深耕台中市場的詩人酒窖，擁有法式浪漫與風情的生活態度，侍酒師 Morris 總能看穿來者造訪時的心情，無論酸甜苦樂，都能在一杯最合宜的酒款獲得抒解。

台中市西區台灣大道二段 331 號
04-2327-2924
www.cellierdespoetes.com

03 旭宣葡萄酒 Le Sauvage

以希望帶給大家純淨、原始、有溫度的葡萄酒爲目標的「Le Sauvage 旭宣葡萄酒」，爲台灣專業自然葡萄酒進口商，專職於進口「自然葡萄酒」（Natural Wine）與慢活的美學生活推廣，憧憬無化學合成物及食品添加劑的美好，一切回歸土地的豐饒，而不寄託人爲改造，提供消費者高品質且美味的「自然葡萄酒」。法文 Le Sauvage 有野生的（wild）、自然的（natural）等含意；在葡萄酒專業領域中，也有「無人工酵母添加」、「具自然風味」的特殊意義，與旭宣的初衷與產品特性相契合，因此以 Le Sauvage 爲名。旭宣葡萄酒的 Joshua 曾在法國工作，專讀風土研究，對於自然酒與釀造有著獨到的見解，挑選引進許多有趣且特殊的自然酒。

Le Sauvage 旭宣葡萄酒
台北市 115 台北市南港區園區街 3-2 號 6 樓之 3
02-2655-8388 #10324
www.lesauvage.tw

04 是酒葡萄酒 C'est Le Vin

法文 C'est le Vin 意爲「這就是（才是）葡萄酒！」是酒 C'est Le Vin 的成立宗旨，便是希望秉持專業與堅持、用心挑選葡萄酒，分享並推薦給一樣愛好葡萄酒的朋友們。是酒引進的每款葡萄酒，都是親自到產地，走訪酒莊，實際品嘗葡萄酒、並了解酒農的葡萄酒理念後，挑選與理念相符的葡萄酒，堅持將原味忠實地帶回台灣。「是酒」創辦人 Rebecca，總是積極將自然酒引進台灣，也總是在小小的是酒院子，創造出許多有趣的活動，是個適合呼朋引伴去找酒的好場所。

是酒 C'est Le Vin
台北市大安區瑞安街 31 巷 18 號 1 樓
02-2700-3703
www.cestlevin.com.tw

05 心世紀葡萄酒 New Century

心世紀葡萄酒是經營關於葡萄酒品嘗、收藏、美食搭配，甚至音樂搭配等全方位葡萄酒顧問公司，於 2006 年由一群專研葡萄酒十餘年的專業團隊創立，公司成立宗旨是以物超所值的歐洲葡萄酒，予台灣葡萄酒愛好者。至今已引進數千種葡萄酒，專業代理的酒莊和酒廠迄今也超過六十家，家家都是歐洲各葡萄酒產區的頂尖首選。侍酒師每年都須從幾千種葡萄酒挑選，再進口推薦給葡萄酒迷。心世紀葡萄酒是全台灣少數擁有受過純正法國專業訓練侍酒師（sommelier）的葡萄酒公司，透過嚴格的把關篩選，確保消費者獲得與法國同步的正統專業葡萄酒資訊。世界在變，葡萄酒也在變，心世紀從心出發，秉持專業知識及經營態度，全心讓消費者看得到、聽得到，更品嘗得到。成立超過十年以上的心世紀葡萄酒，擁有數量龐大的酒單，這裡總是能發現罕見的產區與商品，是個尋寶的好地方。

心世紀葡萄酒
台北市中山區松江路 156 巷 7 號
02-2521-3121

06 維納瑞酒窖 Vinaria

維納瑞是一群對於葡萄酒與生活懷抱著無比熱忱的夥伴，雖然在葡萄酒業界服務已輾轉經過十數個年頭，但對於葡萄酒的精彩國度，還是充滿無比的興趣與熱情。以夢想為藍圖的維納瑞是在歷經一連串的腦力激盪後終於誕生，這裡有來自不同產區的酒款、專業的儲存設備、領先業界的義大利 Enomatic 單杯試飲機，出租型地下酒窖等等。維納瑞的選酒人 Joseph 有著精準的眼光與超凡的品味，總是能引進各種珍稀商品，許多國外沒有的夢幻逸品，都可能在維納瑞看到蹤跡。

VINARIA
維納瑞酒窖 Wine Cellar

台北市大安區信義路四段 265 巷 12 弄 3 號
02-2784-7699
www.vinaria.com.tw

07 新生活葡萄酒 Dancing Elephant

滿載著對葡萄酒的熱情與獨到理念，新生活葡萄酒創立於 2012 年，專營西班牙葡萄酒的進口與推廣。西班牙是世上歷史最悠久的釀酒國之一，葡萄種類和釀造方法的多樣及多變當數世界之最，然而，它同時也是被明顯低估的產地。在葡萄酒的世界中，西班牙除了接連創造出歐洲最前衛的酒風，也保留著只有時間才能釀成、最老氣過時，卻也最難得珍貴的時光滋味。葡萄酒是一種飲品，更是一種文化。新生活葡萄酒希望讓消費者更認識西班牙葡萄酒迷人和熱情，體驗酒杯裡乘載的西班牙悠久文化，以成為「西班牙葡萄酒代理人」的目標不斷向前邁進。新生活葡萄酒主力經營西班牙酒款，主張「歡樂生活，不忘品飲美酒」，總是挖掘出許多精彩又迷人的商品，分享給喜愛葡萄酒的好朋友們。

台北市松山區八德路四段 106 巷 8 弄 2 號
02-2742-3188

08 醇酒街 Rue du Vin

法國女婿加台灣媳婦，於 2011 年成立，在高雄打造出通往自然酒的大道。老闆夫婦因地緣關係，取得了許多頂尖自然酒品牌的代理，是南台灣罕見的自然酒專賣店。法文 Rue du Vin 意為「葡萄酒的道路」，這是從前法國酒農從葡萄園運送葡萄酒到城市之間的道路。醇酒街親自造訪各大產區，嚴格挑選符合有機耕種、手工釀造、無添加、無特殊加工的葡萄酒，各酒款都是結合了當地風土、年分和每一家酒莊特色的「自然手釀葡萄酒」。葡萄酒就算分數再高、價格再貴，若是沒有酒農的認真和熱情，充其量只是昂貴的商品，因此醇酒街對於酒莊的挑選更強調「人」的影響，選擇酒農依靠自然的方法，所釀造出真誠的味道，最後堅持全程空調運送。經過多年在法國當地協助酒莊出口，醇酒街期望為大家建立一條前往優質葡萄酒的捷徑，讓美好的品酒文化變得更簡單、更有趣！

Rue du Vin
醇酒街

高雄市 81355 左營區新莊一路 288 號
07-555-2025
www.rueduvin.com.tw

源自
義大利托斯卡尼的
純·淨·好·水

餐桌有酒飲自然
全台十九間自然酒餐廳

撰文·侯易婷 Teresa ／採訪整理·孫郁晴 Emily ／圖片提供·受訪餐廳 & 餐桌有酒

近幾年，「餐桌有酒」快速成爲喜酒好食者圈子裡的熱門話題，這個充滿活力的年輕團隊，在一次又一次令人驚喜的品飲與美食活動間，樹立起口碑與公信力，年度的「單杯酒計劃」更讓許多人以最輕鬆的方式，感受葡萄酒的餐搭的愉悅與滿足。《飲·自然》發現，自然酒在「餐桌有酒」的活動中經常扮演要角，所以特別向品牌創辦人Teresa邀文，請她爲我們推薦口袋名單中的自然酒友善餐廳，幫助喜愛自然酒的朋友發現更多可以探索的餐廳，品嘗自然酒與不同料理激盪出來的火花。

餐桌有酒（WINE on Table）的起始點非常平凡：四年前在台北某個外出用餐的晚上，友人選的餐廳極好，料理跟服務都相當到位，我們開的那瓶法國羅亞爾河的小農白酒更是有滋有味，於是舉杯之間，味蕾的滿足與心理的快樂等比成長，不可言喻。卻在酒酣耳熱時赫然驚覺，高朋滿座的店裡，竟然只有我們的桌上有著酒杯？！

是的，餐桌上沒有酒，便是我們餐桌有酒的起點。

初開始只是因爲對於葡萄酒的一切充滿熱情，想讓更多朋友一起體會餐搭酒的魅力。然而，在辦過大大小小超過百場的相關活動後，我們發現台灣喝葡萄酒人口正快速增加，但普及

希望更多人能體會餐酒搭配的生活文化，並內化成爲如呼吸走路般的自然習慣。

餐桌有酒

化卻不等於生活化，許多有品飲習慣的朋友，卻不見得會在餐廳點酒佐餐。可是用餐搭酒是件相當美好的事，食物和酒都會變得更有生命力，餐桌上的回憶也往往更加迷人。因此，餐桌有酒致力推廣餐酒搭配，希望更多人能體會這樣的生活文化，並內化成為如呼吸走路般的自然習慣。

當然，這還不是一條大家常走的路，因此這趟旅程也不可能全然的平順安穩。但非常幸運的，餐桌有酒的理念被許多葡萄酒前輩、餐廳、合作夥伴以及進口酒商認同，給予我們許多支持與建議，更重要的是，在線上或線下的各式活動中，認識了同樣喜歡餐桌上有美食也有酒的朋友，讓推廣餐酒文化的路上增添許多美麗的風景。也因為活動，接觸到不少餐廳都對酒單規畫與餐酒搭配持續不懈地努力，希望能為消費者帶來更完整、更難忘的餐飲體驗。

這次我為《飲・自然》讀者介紹了北、中、南、東部5間必訪餐廳，另外也推薦14間值得前往一試的餐廳，共同點是這些店家的酒單中有超過四分之一為自然酒款，有些甚至百分之百都是自然酒，或提供超過四十款自然酒的選擇。相信一定可以讓喜歡自然酒的朋友享受到與料理完美搭配的絕妙經驗。

堅持只賣自然酒
Cochon

Cochon 以精緻法式料理與熱愛自然酒聞名，在小巨蛋附近這繁榮的街區已歷經六年多的光陰。今年初，老闆 Cho 桑將 Cochon 轉型成葡萄酒吧，供應簡單的西班牙 TAPAS，他說，「之前都是用食物搭配酒，以酒去襯托餐點；但現在是用酒搭配食物，酒變成了主角，食物反而是用來豐富酒的層次與味道。」這個變化也啟發了他更多的想法，透過自然酒更加回歸到酒的本質。

今年初，老闆 Cho 桑將 Cochon 轉型成葡萄酒吧。

開店多年堅持只使用自然酒，「真的很辛苦！」Cho 桑感慨說，「剛開始沒有多少人知道自然酒，跟客人一直介紹，對方還不一定願意喝。可是這兩年，可能開始有人知道我這裡只賣自然酒，所以也越來越多客人特地來這裡找自然酒。而且我的酒很便宜！」Cho 桑說，店裡酒款定價與外面通路售價幾乎一樣，客人也因此願意嘗試，而非自己帶酒。CP 值高的 Cochon，不但吸引許多喜愛自然酒的客人，更多的是不熟悉自然酒的客人慢慢變成同好。談起未來的目標，Cho 桑說，「之前合作的清水主廚要回來了，之後會是什麼型態還不確定，但一定還是會繼續和大家分享好喝的自然酒。」

為什麼這麼努力推廣自然酒？或許是發自真心的熱愛，讓 Cho 桑不知不覺地就這樣做了。回想起愛上自然酒的經歷，多年前在台灣的活動巧遇那時擔任新加坡 Restaurant Andre 首席侍酒師的長谷川先生，發現他特地從新加坡進口自然酒，「因為台灣還沒有什麼自然酒，活動結束之後大家聚在一起聊天，開了一瓶酒，在當下真覺得那瓶酒的口感風味都是完美！」但他突然笑著回想到，其實那不是第一次喝自然酒，真正和自然酒初識大約是在二十年前的日本。「我在美式餐廳工作，餐廳供應的葡萄酒都是來自美國納帕，那個

時候我也喜歡納帕的重口味，嘴巴習慣了這個味道，喝到自然酒的時候只覺得：這是什麼？」因為當時的不驚豔，Cho 桑沒有對自然酒產生興趣，這一別就是多年，與自然酒在台灣的美妙重逢，讓 Cho 桑一頭栽進了自然酒的世界。

身為日本華僑的 Cho 桑，也很大方地分享了日本葡萄酒市場對於自然酒的想法，「日本對自然酒的接受度應該是亞洲第一，我覺得是飲食口味的關係，日本人吃得較清淡，食材大多是含有豐富胺基酸的海鮮，像是壽司與柴魚高湯，日本人很喜歡這種有うま味（鮮味）的食物，自然酒大多清爽帶有微氣泡，是非常舒服的搭配。」

那台灣市場呢？這幾年他觀察到，其實台灣的飲食口味也與日本接近，年輕人飲食習慣的轉變讓自然酒有更多發展的機會，但還是有些人無法接受自然酒的風格。他期許大家品飲自然酒的時候什麼都不要想，「開心地享受舒服的感覺就好！」

Cochon

📞 02- 2546-2121
📍 台北市松山區敦化北路 165 巷 20 號
🕐 周一至周六 17:30 ～ 23:00
🍴 西班牙 TAPAS
💲 1000 ～ 1500 元／人

把旅行的感受帶回台灣
孔雀餐酒館

孔雀餐酒館營業至今已十六個年頭，回想起經營孔雀的初心，負責人 Angel 淡淡地說，「因為我很喜歡旅行，在旅行時遇到好吃的餐廳、和朋友分享美食，都是很美好的經驗，這股想將旅行的感受帶回台灣的心清，就是開設孔雀的出發點。」

所以是特地選址在大稻埕？其實這當中有段故事，孔雀來到大稻埕之前已在師大商圈經營十年，當時 Angel 和開店夥伴 Barbie 在租約快到期時決定結束營業，但因為大稻埕商圈的邀請，她們來到了大稻埕。「原本只是想來看看，但一走進這房子就大為震驚！」Angel 毫不掩飾地驚嘆，「這裡真的太漂亮！我們就這樣站在房子的中間，想著孔雀未來的樣子。」所以，孔雀遷移到了大稻埕，換了個地方開屏，仍然美麗迷人。感謝大稻埕商圈團隊，為我們挽留住了這麼好的餐酒館。

孔雀餐酒館多年來致力於在日常實踐永續發展的理念。Angel 說起堅持這個理念的緣由，「因為每個人都要吃東西，又因為我們是經營餐廳，最直接的方式就從挑選食材開始，為保護環境做一點小小的努力。」不只是選用有機蔬果，還有在無壓迫環境下生長且少用藥的肉品，都是孔雀餐酒館的堅

一走進這房子就大為震驚！我們就這樣站在房子的中間，想著孔雀未來的樣子。

孔雀

📞 02-2557-9629
📍 台北市迪化街一段 197 號二進
🕐 周二公休，周三至周一 11:30 ～ 22:30
🍴 歐亞料理
💲 600 ～ 1000 元／人

持。「科學家說，海洋也許到了 2050 年就沒有魚了，我們吃的速度超過魚兒長大的速度。所以我們的海鮮食材也是依據海洋生態永續的原則挑選。」與自然酒的理念其實非常相同，孔雀餐酒館的酒單因此也都主要選擇友善環境的自然系葡萄酒。

「真正讓我發現自然酒的魅力，是某次喝完酒的隔天，一向容易頭痛的我居然沒事！當然還有其他很棒的地方啦，像是讓土地與作物達到自然平衡、不使用農藥等等，也都很符合我們對永續發展的想法。」同樣支持孔雀理念的客人是不是也對自然酒比較熟悉？ Angel 沉思了一下回答道，「其實我不是很確定，很少客人對於自然酒提出疑問。大多都還是以熟悉的品牌和價位做選擇。」不過，Angel 倒是對於自然酒的風味侃侃道出自己的想法，「之前，我常覺得自然酒有股特殊的味道，但這種味道越來越少出現在最近的自然酒了！而且比起傳統農法的葡萄酒，自然酒的變化很強烈，會有很多意想不到的風味，覺得能夠更加感受到這瓶酒的風土。」

自然酒和天貝季節蔬菜煎餅。孔雀的海鮮食材是依據海洋生態永續的原則挑選。

最後，Angel 說道，「喝自然酒就要好好感受面前那杯酒，依自己的經驗搭配自認適合的食物，每個人的口味都不同，所以應當自己實際嘗試。」如同旅行，如果從未自己親身走過，永遠不會知道對你來說會多震撼。

拋開餐酒搭配框架
L'ARÔME

樂逢（L'ARÔME）法式餐廳選用在地新鮮食材，以法式料理的技術與精神，處理每道佳餚，以平易近人的套餐價格，拉近消費者與美食之間的距離。

侍酒師 Mars 表示，L'ARÔME 原本的酒單只使用自然酒，「但為了因應客人不同的需求，我們進了更多的葡萄酒品項，但現在的比重大概仍有 70%。」相較於其他餐廳，L'ARÔME 使用自然酒的比重非常高，那來用餐的客人對自然酒的接受度如

位於紅點文旅地下一樓的 L'ARÔME，環境輕鬆宜人

何？「大部分客人接受度都滿好的。 我們在挑選自然酒時，會盡量挑選一些果味豐富且氧化風味相較起來不會那麼濃郁的酒款。」

回想起最初自然酒在台灣掀起的風潮，「那個時候吸引了很多人品飲自然酒，但當時的風味沒有現在穩定，對自然酒的既定印象就停留在當時那個奇怪的味道，市場的接受度一直無法提高。也有些愛酒人常被風

還有一款西班牙的淡紅酒與主廚的
豬里肌搭配聖米歇爾淡菜也很搭。

格和產區困住，若是喝到果味較淡還帶有氣泡的希哈（Syrah），一定無法接受。」Mars 的這段話其實很中肯，跳脫不出框架，有時就沒辦法接受自然酒不可預測的風格，也讓很多人無法繼續追隨自然酒。

徹底感受到自然酒魅力的 Mars 也與 L'ARÔME 在餐酒搭配費了不少工夫，「L'ARÔME 挑選的酒款都是以輕鬆易飲為主，希望可以傳遞釀酒師 easy to drink 的理念，也能帶領更多朋友走入自然酒的世界。」Mars 提起前幾天介紹澳洲橘酒給一組客人佐餐，「他們單喝一口時覺得味道很怪，但是橘酒跟我們店裡的招牌菜法式冷肉凍派非常搭！他們邊喝邊感覺到變化，發現自然酒很有趣又陸續點了其他款嘗試。」

自然酒餐搭的訣竅也是白配白，紅配紅嗎？「其實搭配的大方向還是相同，但因為自然酒不可預測的個性風味，會在搭餐上增加很多樂趣！像是剛提到拿橘酒搭配法式冷肉凍派，大部分的人可能會想到用法國阿爾薩斯（Alsace）的酒款搭配，但我挑的這款橘酒帶有單寧，可以襯托出肉凍派內臟餡的美味。還有一款西班牙的淡紅酒，它的風格和傳統的田帕尼優（Tempranillo）完全不一樣，芬芳的果香中帶著些微的氧化特性，我覺得和主廚的『豬里肌搭配聖米歇爾淡菜』很搭。」Mars 興奮地滔滔不絕，一旁的我們完全感受到了他對餐酒搭配的熱情及努力。

「不要刻意要用什麼酒搭配什麼食物，那樣容易有盲點，無法發掘一款酒真正的特色。不要設限並且好好地感受，讓葡萄酒說話。」最後，Mars 也建議不要受既定印象影響，不要認為酒標寫什麼就應該是什麼味道，抱持著輕鬆愉快的心情，更能品飲出自然酒的趣味。

L'ARÔME
TAICHUNG

📞 04-2220-8000

📍 台中市中區民族路 206
號 B1（紅點文旅地下
一樓）

🕐 12:00 ～ 14:30、
18:00 ～ 22:00

🍴 法式料理

💲 套餐五道菜 1580 元、
七道菜 1980 元／人

從產地到餐桌
Sinasera 24

阿美族語的 Sinasera 意思是「大地」，而 24 指的就是二十四節氣，以法式的料理技巧詮釋部落菜色的 Sinasera 24，坐落在台東南竹湖部落裡。依照季節與風土，順應土地的時間軸研發設計菜單，挑選使用自然農法或有機栽種的當季蔬果。主廚楊柏偉說，「我們的餐廳就在食材的產地，從產地到餐桌，可以用最直接的方式回饋土地。」

以法式的料理技巧詮釋部落菜色的 Sinasera 24，坐落在台東南竹湖部落裡。

為了完整呈現食材的原味，楊柏偉設計的菜色口味細緻，奶油類的醬料較少，整體清爽沒有太多負擔。因此，楊柏偉對葡萄酒的挑選也格外重視，「每一款酒我都親自試喝，如果新年分

的酒款我也會喝過再考慮要不要用。尤其是自然酒，這種完全呈現風土條件的葡萄酒，年分的差異就很大，就算釀酒師是同一位也沒辦法改變這瓶酒的味道。」

Sinasera 24 的藏酒豐富，在將近 300 款的葡萄酒中自然酒占了 40%，絕大多數來自法國布根地，為什麼酒單會這樣規畫呢？「刻意拉高自然酒的比例，便是希望可以推廣給大家。」楊柏偉提到 Sinasera 24 挑選食材的理念，「食材跟酒一樣都深受風土影響，想要永續發展就要回饋土地，讓土地越來越好，自然酒也是如此。」

而提到餐酒搭配，楊柏偉認為「Sinasera 24 的料理都比較細膩，白酒會遠比紅酒更適合。但其實以自然酒來說，沒有所謂的安全搭配法。像是薄酒萊搭配甲殼類的海鮮會讓肉更甜美，甜白酒也可以搭三杯類的料理。料理和葡萄酒一起享用絕對有互相加乘的效果，所以我很希望客人可以點 Wine Pairing。」

想要引導客人點佐餐酒，於是 Sinasera 24 直接把推廣餐酒搭配的理念反映在價格上，三杯一套的 wine pairing 不超過千元，餐廳內單瓶酒的售價也都相當合理。楊柏偉說，「如果定價太高，客人不想點，酒就只能一直躺在酒窖動不了，反而不是一件好事！酒要跑得快，才是一個好的循環。」

^ Sinasera 24 的藏酒豐富，在將近 300 款的葡萄酒中自然酒占了 23%，絕大多數來自法國布根地。
⌄ 主廚的料理風格呈現自然的細緻原味。

既然酒跑得快，那來用餐的客人對自然酒接受度很高囉？「要看酒款耶。」楊柏偉邊想邊說，「有些自然酒剛開瓶的風味很強勁，像有一款薄酒萊產區的自然酒，剛開瓶真的有股不討喜的雞屎味，很多客人不喜歡。但我實驗過，放了兩、三天後，果香味就出來了，層次也更加明顯。」之後更甚至分享了品飲自然酒的小訣竅，「自然酒不要急著一下子喝完，盡量喝到三、四天，自然酒會因為時間展現不同的風味，每天都喝一點可感受它的變化。」

楊柏偉談起自己喝自然酒的感受，「很清爽很舒服，或許是因為這樣，喝自然酒的心情都比較快樂輕鬆，然後，一定要搭餐！」楊柏偉非常堅定地說，「自然酒搭餐非常舒服，它不應該自己出現在餐桌上，想搭什麼就去搭，不要管什麼搭配法，薑母鴨、羊肉爐都可以！」這樣的想法也與餐桌有酒不謀而合，不把餐酒搭配看作艱深的學問，更能發掘其中的美好。

Sinasera 24

📞 08-9832558
📍 台東長濱鄉南竹湖 26-3 號
🕐 周二公休，周一至周五中午只接受十二人以上包場，周六與周日 12:00 ～ 15:00、18:00 ～ 21:00
🍴 法式料理
💲 套餐 1800、2800、3800 元／人

一位難求的自然風味
樂穀餐酒館

　　樂穀餐酒館位於高雄美術館附近，門口的小庭園讓初來乍到的饕客能瞬間放鬆，宛如在鬧中取靜的地段擁有自己的一片天地。低調但閃爍的招牌寫著餐廳的法文名稱「LE GOÛT et LE GOÛT」，法文 LE GOÛT 意為風味、味蕾與風格，Jun 主廚正是希望讓客人在享受到全心料理的美食之餘，也能感受到獨特的視覺風格。

　　在法國進修的 Jun，足跡遍及巴黎，甚至遠至瑞士交界的白朗峰，曾為法國三間米其林餐廳效力的他，提到了店內的季節性套餐料理共有十二道菜色，皆是使用台灣在地食材，菜單依時節調整，提供最新鮮的時令美味。若想要點酒佐餐，請相信 Jun 的眼光與品味，直接選擇 Wine Pairing 套餐，其中包括氣泡酒、白酒、紅酒、甜酒共四款；若想要極致的味蕾享受，也有一套七款的 Wine Pairing 可選。「其實高雄帶酒去餐廳的文化非常盛行，餐廳營運初期幾乎沒什麼人點酒。但直到某個客滿的夜晚，超過半數的客人都點了 Wine Pairing。這代表的是餐酒搭配的推廣是有可能的，只是需要時間。」身兼餐廳侍酒師的 Jun 更是建議，上餐廳吃飯，就盡量敞開心胸，信任侍酒師能做出最完美的搭配，有任何問題也都不用害羞提問，侍酒師們一向都非常樂意分享葡萄酒相關的知識與話題。

　　樂穀酒單又是如何規畫的呢？店內藏酒豐富，超過兩百款都是法國酒，而且也都是 Jun 親自品飲後所決定的珍寶。「我也沒有特地鎖定自然酒，只是單純地想找合適的佐餐酒，但自然而然地，自然酒便占據了酒藏數量的一半，Wine Pairing 中的自然酒也達到八成。」餐桌有酒第一次遇見 Jun，就是 2018 年的自然酒展，那時我們從品種、產區，一路再討論到餐酒搭配，幾乎欲罷不能，實在很難相信眼前聊起葡萄酒雙眼發光的年輕人同時也是位身經百戰的主廚。後來才發現，Jun 精準但不設限的味蕾，正是讓餐與酒皆能完美發揮、和諧共舞的最大功臣，也是樂穀餐酒館最巧妙的靈魂。

　　聊到初嘗自然酒的經驗，Jun 說，「一開始其實毫無想法，之後發現每個人對自然酒的定義都不盡相同，對現在的我來說，開心輕鬆地喝酒，拋開教科書的理論，搭配自己喜歡的食物，享受餐酒融合的魅力，就是喝自然酒最好的方法。」Jun 不忘稱讚台灣酒商挑選自然酒的眼光獨到，「我在其中發現很多有趣的酒款。像是法國侏羅（Jura）的 Jean François Ganevat，每個小時都有變化，與眾不同的生命力讓我愛不釋口。還有來自法國阿爾薩斯的 Jean-Paul Schmitt 更是長年不敗，不論我的菜單如何更換，這款酒永遠都能完美搭配。」

　　Jun 對自然酒的熱愛與對料理的真誠，讓人完全不意外開幕不到一年的樂穀餐酒館，為什麼屢次開放訂位的同時就秒速客滿。在餐廳林立的美術館商圈殺出重圍，占據一席之地。

📞 僅接受臉書私訊，或 Line @uvc0844w

📍 高雄市鼓山區美術北五街一號

🕐 周三及周日公休，其他時間 19:00 ～ 22:00

🍴 法式料理

💲 以私訊詢問套餐價格

法國阿爾薩斯的 Jean-Paul Schmitt 麗絲玲（Riesling）更是長年不敗的完美餐搭酒。

全台自然酒餐廳推薦

北 部

Ephernité
尊重環境與大自然的永續發展，理念與自然酒的不謀而合。
- 📞 02-2732-0732
- 📍 台北市大安區安和路二段 233 號
- 🕐 周三至周日 18:30-00:00
- 🍴 法式料理
- 💲 套餐 1800、3500、5000 元／人

西班牙餐酒館 PS TAPAS
自然酒最好的下酒菜非西班牙 TAPAS 莫屬！
- 📞 02-2740-9090
- 📍 台北市大安區安和路一段 21 巷 19 號
- 🕐 12:00-02:00
- 🍴 西班牙 TAPAS
- 💲 500 ～ 1000 元／人

肉大人 Mr. Meat 肉舖火鍋
紐約時報推薦的火鍋店！一口麻辣肉片，一口自然酒，清爽回甘。
- 📞 02-2703-5522
- 📍 台北市大安區敦化南路二段 81 巷 35 號 1 樓
- 🕐 周三至周一，12:00-14:30 18:00-22:30
- 🍴 精緻個人小火鍋
- 💲 500 ～ 1000 元／人

史坦利美式牛排 Stanley's Steakhouse
香烤羊排或牛肉起司漢堡，和自然酒的搭配變化都十分有趣！
- 📞 02-8773-0036
- 📍 台北市大安區敦化南路一段 233 巷 22 號
- 🕐 11:30-22:00
- 🍴 美式牛排
- 💲 500 ～ 1000 元／人

RéeL
法文 réel 代表真實，以自然酒享用料理，感受大自然贈予的真實美味。
- 📞 02-2926-6003
- 📍 新北市永和區水源街 39 巷 7 號
- 🕐 每周三公休，平日 17:30-22:30
  周六 12:00-14:30、18:00-22:30
  周日 12:00-14:30
- 🍴 法式料理
- 💲 1500 ～ 2000 元／人

中 部

高冠咖啡餐酒館
不華麗取巧，樸實不刻意，認識屬於土地的最佳風味。
- 📞 04-2325-1188
- 📍 台中市西屯區東興路三段 392 號
- 🕐 周二至周日 11:30-00:00
- 🍴 歐式料理
- 💲 500 ～ 1000 元／人

元 YUAN
秉持人與自然環境共生的想法，融合日法台式的料理特性，相互激盪出的創意料理！
- 📞 0966-667-067
- 📍 台中市南屯區大墩十七街 35 號
- 🕐 周三至周五 18:00~21:00
  周六及周日 12:00~14:30 18:00~21:00
- 🍴 日法料理
- 💲 周末午間意麵／麻醬麵套餐 320/人
  晚間阿元套餐 2100、2500/人

皮諾可可 Pinococo
期望透過料理讓每個人感受到如同自然酒的驚喜與感動！
- 📞 04-2380-3357
- 📍 台中市南屯區益豐路四段 689 號
- 🕐 11:30 ～ 22:00
- 🍴 義式料理
- 💲 500 ～ 1000 元／人

MEATGQ STEAK
自然酒順應環境，呈現葡萄與環境結合的風味；料理順應食材特性，只為呈現食材原味。
- 📞 04-2383-0258
- 📍 台中市益豐路四段 699 號 1 樓
- 🕐 周一至周五 12:00-15:00、18:00-22:00
  周六及周日 11:30-15:00、17:30-22:00
- 🍴 美式牛排
- 💲 午餐 2500 元、晚餐 3500 元／人

里頌地中海餐酒館 RISO RISO
地中海料理沒有過多烹飪，自然酒不具過多干預，都是最友善地享受土地最純粹的恩惠。
- 📞 04-2301-6599
- 📍 台中市西區向上路一段 79 巷 56 號
- 🕐 周二公休
  平日 11:30-15:30、17:30-22:00
  周六及周日 11:30-22:00
- 🍴 地中海料理
- 💲 500 ～ 1000 元／人

南 部

那個那裡 SOMMWHERE
美味的甜點滿足心靈，真實的自然酒來自大地。
- 📞 06-302-6690
- 📍 台南市永康區東橋十街 9 號
- 🕐 周三至周日 14:00-19:00（不定時延長營業時間，可追蹤臉書）
- 🍴 法式小點（甜點與下酒鹹點）
- 💲 250 ～ 500 元／人

Principe
自然酒的風格讓人對葡萄酒改觀，台南味的法式料理更讓人沉浸嶄新的味蕾饗宴。
- 📞 06-222-3244
- 📍 台南市北區西華街 34 號
- 🕐 周二至周六 12:00-14:30、18:00-21:30
- 🍴 法式料理
- 💲 套餐 1680、2200、2800 元

Thomas Chien
和諧、衝突、來自四季風土、充滿個人情感，是此處的料理哲學，也同時是自然酒的核心。
- 📞 07-536-9436
- 📍 高雄市前鎮區成功二路 11 號
- 🕐 11:30-14:30、18:00-22:30
- 🍴 法式料理
- 💲 午餐 1500 元、晚餐 3000 元／人

東 部

職牛
乾式熟成牛排的果乾木質香氣 VS. 自然酒的新鮮水果香氣＝ marriage ！
- 📞 03-831-1342
- 📍 花蓮市中正路 474 號 3 樓
- 🕐 周二公休，平日 17:00-22:00
  周六及周日 12:00-14:00、17:00-22:00
- 🍴 美式牛排
- 💲 1500 ～ 2500 元／人

*作者注：歡迎讀者來信提供「餐桌有酒」您的推薦名單（service@wineontable.com.tw）

在東海岸
遇見法式浪漫

那年，和你一同做過的法國夢，漫步在海岸、
品嚐法式佳餚、啜飲美酒佳釀的美夢，
最終法國沒去成，我卻在東海岸長濱感受到，
少了長途跋涉的辛勞，享受零時差的法國夢。

　　法國飲食中最在乎的「風土」，簡單來說就是在地、時令，從餐廳名稱「Sinasera 24」就能窺見一二，長濱當地居民以阿美族為最多，而「Sinasera」就是阿美族語大地之意，「24」則是指中國傳統的 24 節氣。

　　從法國馬賽三星餐廳 Le Petit Nice -Gérald Passedat 回到台灣的主廚楊柏偉，從國中開始對烹飪產生興趣，一段在長濱服替代役的經驗，加上 4 年法國學習之旅的洗禮，讓他對風土有了新的看法，奠定了他的料理基礎，他說：「以在地季節食材，搭配法式烹調手法，做出讓人吃了就會開心的餐點，就是我想表達的風土。」

　　不能錯過的招牌菜「鬼頭刀、飛魚」，是道最能代表東海岸特色的菜餚，歷經 48 小時熟成鬼頭刀，搭配自製的煙燻飛魚奶油、風乾鮪魚，襯以大黃瓜、過山香凍，除了在地外，還在盤裡訴說著一個生態鏈的概念，因為每年 4 到 7 月見到飛出海面的飛魚，其實就是在閃避鬼頭刀的追擊，避免自己被吃下肚，熱愛海洋的楊主廚，把生態故事躍上餐桌、送進餐盤裡，讓人們吃到的不只是美食，更是永續生態的觀念。

　　對於葡萄酒頗有研究的他，餐廳的酒單也都盡力親為，法國各大小產區都盡可能納入其中，其中當然也不乏自然酒。在這裡享受渾然天成的景致、佳餚與美酒，誰說法國夢有多遙遠，其實就在美麗的東海岸便能享有，從今爾後，無論是一個人獨享的時光，或是好友相聚，都能在此享受獨一無二的法式浪漫。

Sinasera 24
地址：台東縣長濱鄉南竹湖 26-3 號

自然酒愛上阿舍餐桌

撰文攝影・林裕森

近年流行復刻，人心嚮往舊時美好，重出江湖的阿舍菜道道技法、盤盤講究，就連上菜次序都有相扣的渾成節奏，如此繽紛華麗的料理，該如何在其間找到葡萄酒的容身之處，並且與之交融唱和？這一次，林裕森先放下追求完美一對一「結婚」的法式餐酒搭配理論，特別從桌菜角度思考。兩度在阿舍餐桌上的自然酒味覺實驗，讓他體會到自然派的發展，讓葡萄酒在風格、質地和味道的連結，更加多元與多樣。台式美好生活的餐桌上，似乎也有了擺上一瓶葡萄酒的可能。

　　台灣以美食自豪，也頗受外人肯定，但多聚焦小吃與家常簡易的菜色，甚至有「台菜無大菜」之說。但近年來，辦桌菜的復興、酒家菜重新復刻上桌，以及黃婉玲老師致力保存的台南阿舍菜，都讓我們見識到台菜在過往歷史的風華樣貌。特別是後者，由富裕士紳家族裡身懷絕技的私廚，以繁複細工烹調成的私房手路菜，不只精緻豐美，也常含藏著家族的門風與文化底蘊。

　　母親出身柳營劉家的黃婉玲老師從自家和親友的經歷，彙整並復刻了失傳或被誤傳的阿舍菜，是台菜復興運動的重要推手。有幸兩度參與黃老師開箱演示的台菜宴，包括去年年底的阿舍年菜和今年夏季的阿舍酒家菜，兩套菜都各有十八和十七品，道道講究，製作耗時費工，大多要經多重的技法才能完成，例如多道套疊菜如「布袋

母親出身柳營劉家的黃婉玲老師，是台菜復興運動的重要推手。

雞」、「網中元寶魚」、「豬腳魚翅」等，繁複材料層層套疊共治一爐；或如外貌簡單卻需要經過醃、泡、滷、炸、蒸等繁複程序的「雞封」，即使對總舖師來說，這都是一道相當磨人的菜色。兩場台菜宴都負責挑選佐配的葡萄酒，雖然平時即有頗多配菜指數很高的口袋名單，但這兩套繽紛華麗的阿舍菜道道都有極高的完成度，上菜次序的安排，也有相扣的渾成節奏，要在其間找到葡萄酒的容身之處，還能與之交融唱和，確實不易。除了靠運氣，也該先放下追求完美一對一「結婚」的法式餐酒搭配理論，而特別從桌菜的角度來思考。

在同桌分食的飲食傳統中，台菜的理想佐餐酒一來要避免成為餐桌上的主角，同時也必須有能力搭配足夠廣度的各色味道，尤其是百味紛陳，把山珍海味全齊聚一桌的阿舍餐桌。挑選的十一款酒大多為自然派葡萄酒，但類型卻是非常多樣。若論配菜廣度，氣泡酒通常是首選，尤其是帶有較多質地、偶爾帶有幾克殘糖的粉紅氣泡酒，近年來，還多了以白葡萄經過泡皮釀成的自然氣泡橘酒，它們常常是最安全的台式桌菜高手。無論是法國 J.F. Ganevat 酒

1	
	2

1 毫無意外，黃婉玲老師的每一道菜無論濃淡或繁簡，法國 J.F. Ganevat 酒莊首釀的「Mon Luc」都能從容面對。

2 奧地利 Fuchs und Hase 酒莊的「2016 Vol 4」，配上這道繁複材料層層套疊共治一爐的豬腳魚翅，亦能相互呼應。

十一款類型多元的餐搭酒款，大多是
自然派葡萄酒。

莊首釀的「Mon Luc」，或是奧地利 Fuchs und Hase 酒莊的「2016 Vol 4」，毫無意外，黃婉玲老師的每一道菜無論濃淡或繁簡，都能從容面對。

雖然白酒普遍比紅酒更適合佐配台菜，但是酒體較輕盈、結構柔和且多酸的淡味紅酒，例如澳洲 Jauma 酒莊的「Danby, 2018」，或薄酒萊 Yanne Bertron 酒莊的「Juliénas Pur Jus 2016」，在佐配味道豐盛繁複的阿舍菜之時，卻常比白酒有更寬廣的配菜能耐，無論是肉類（如香酥鴨）、海鮮（如梅醃魚捲），或魚中包著豬肉的網中元寶魚，甚至有大量鮮味的桂花干貝等，竟然都能在味道上相互呼應。

白酒表現最突出的是 Ganevat 酒莊經酒花培養充滿海味的夏多內「L'autrefois」，和 Clos de L'Èlu 酒莊經陶罐培養的「Ephata」，不同一般清爽多果香的白酒，都具結實質地，並帶有香料系與礦石感的古樸韻味，相當有個性。在搭配阿舍菜的五拼菜色，如五福盤：鹽水豬舌、滷香肝、醉豬心、麻油腰花、五味生腸；或是五福炸物：八寶丸、雞皮捲、豬肝捲、蝦棗、排骨酥，竟都能將各自獨立紛陳的味道勾連串結起來，成為最大的驚喜。

雖然懷著忐忑，但兩度在阿舍餐桌上的自然酒味覺實驗，也讓我體會到自然派的發展讓葡萄酒的風格、質地和味道的連結，更加多元與多樣。在以佐配西方料理為本的經典葡萄酒之外，創造了許多新的可能，也讓我們更容易為葡萄酒在地餐桌上找到位置，成為台式美好生活中的一份子。

早在 2011 年舉辦第一屆，如今已遍及全球各地的「Raw Wine Fair」。

邊走邊喝
全球矚目有機與自然酒展

撰文攝影‧王琪

你可能認為自然酒還是一種屬於「小眾」的喜好，但在全球各地卻有越來越多的酒農、釀酒師、業者、酒迷，彼此號召、聚集在一起，一年又一年的累積起自然派的強勁勢力。

Raw Wine Fair

　　2011 年夏天，法國現今唯一擁有葡萄酒大師（MW）的女性，以及《自然酒》（Natural Wine，積木文化出版）的作者，伊莎貝爾‧雷爵宏（Isabelle Legeron MW）與一群英國自然酒進口商（包括 Les Caves de Pyrene），共同舉辦了倫敦第一屆自然酒展，吸引了數千名熱情的葡萄酒愛好者和專業人士參與。從那時起，自然酒便漸漸開始在英國受到廣泛討論。兩年後，雷爵宏的《自然酒》出版，她同時開始將「Raw Wine Fair」帶到全球各地。倫敦、柏林與紐約等地的酒展規模較大，聚集了超過一百五十名酒農；洛杉磯與蒙特羅則約號召了一百位；邁阿密酒展相對規模較小，約莫有五十位酒農參展。雷爵宏對橘酒也十分熱愛，甚至在 2011 年與喬治亞共和國的 Eko Glonti 博士合作以陶罐釀製琥珀色的橘酒。

RAW WINE™

地點：英國倫敦、加拿大蒙特羅、美國紐約、美國邁阿密、美國洛杉磯、德國柏林

時間：每年三、四月（英國）、十月到十二月（其他地區）

官網：https://www.rawwine.com/

由英國進口商主辦的大型自然酒盛宴「The Real Wine Fair」。

地點：英國倫敦
時間：每兩年一次，通常在 4、5 月，下一屆將於 2021 年舉辦。
官網：https://therealwinefair.com

The Real Wine Fair

雷爵宏的「Raw Wine Fair」與最初合辦的進口酒商 Les Caves de Pyrene 並未持續合作關係。2012 年，倫敦開始有了兩個相互競爭的酒展可供選擇，其一是 Les Caves 的「The Real Wine Fair」，另一場則是雷爵宏的「Raw Wine Fair」。兩個酒展相繼獲得了極大的成功。無論是對於葡萄酒業者，還是越來越多的葡萄酒消費者來說，英國的自然酒運動已成為嘗試永續且新奇葡萄酒的熱門途徑。兩個酒展的規模也差不多，都超過一百五十位參展酒農。不過，由於「The Real Wine Fair」是由英國進口商所主辦，所以參展酒款多數在英國都可覓得，而在「Raw Wine Fair」則有不少尚未進口到英國而正尋求適合進口商的酒農參展。

VinNatur Tasting

「VinNatur」是義大利自然酒農協會，由 Angiolino Maule 在 2006 年創立於義大利，目前擁有一百八十多位會員，來自九個國家。會員酒莊都必須遵守協會的規定章程。「VinNatur」每年至少舉辦三個自然酒展。其中規模最大的酒展是與四月義大利酒展「Vinitaly」同時間舉辦的展外展「VinNatur Tasting」。預計 2020 年將會吸引超過一百七十間酒莊參加，以義大利酒款為主，但也有來自歐洲其他地區的酒農參展。

地點：義大利 Gambellara
時間：每年四月
官　網：https://www.vinnatur.org/
en/events/vinnatur-tasting-2020/

Sorgentedelvino LIVE

「Sorgentedelvino LIVE」酒展以義大利自然酒為主，自 2009 年開始舉辦。如今參展酒莊已超過一百五十家。酒展為期三天，若是不想在義大利酒展「Vinitaly」期間與酒迷人擠人，則可以在二月到此深入了解義大利自然酒的演進史。

地點：義大利 Piacianza
時間：每年二月
官網：https://sorgentedelvinolive.org

每年五月由有機與自然動力法酒農組成的協會，於法國波爾多舉辦的「Renaissance des Appellations」。

Renaissance des Appellations

「Renaissance des Appellations」為有機與自然動力法酒農為主的協會，由法國羅亞爾河區大力推動自然動力法的 Nicolas Joly 在 2001 年創辦。如今已有一百七十五名會員，遍及十三個國家，多數來自於法國。取得會員資格的酒農必須符合協會規範的嚴格章程。「Renaissance des Appellations」每年也結集會員舉辦數個酒展，波爾多「VINEXPO」酒展期間，也一定會舉行展外展。

本文作者與 Nicolas Joly 合影。

 地點：法國波爾多等地
時間：每年五月
官網：https://renaissance-des-appellations.com/en/

La Dive De Bouteille

自 1999 年開始舉辦的「La Dive De Bouteille」自然酒展，一開始以羅亞爾河流域幾個自然酒農的酒款為主，累積二十屆之後，酒款已從法國拓展到全球不同區域。雖然二月的羅亞爾河流域又濕又冷，令人望之卻步，但 Ackerman 酒莊過去為存放氣泡酒所鑿出的洞穴酒窖壯觀無比，再加上二月的「La Dive」酒展通常都與其他兩個當地的酒展（Les Pénitentes 與 Loire Valley Wine Fair）一起舉辦，所以一舉數得！

 地點：法國 Ackerman 洞穴酒窖（位於羅亞爾河區的 Saumur）
時間：每年二月
官網：http://www.dive-bouteille.fr

Millésime Bio

STANDS 203-216

「Millésime Bio」是僅供葡萄酒業界人士參與的全球最大有機葡萄酒展。參展酒莊都必須獲得有機或自然動力法認證。每年一月底，都會在南法大學城 Montpellier 舉辦。展場範圍廣大，是專業有機葡萄酒迷絕對不能錯過的盛會。

 Millésime**BIO**

地點：法國 Montpellier
時間：每年一月
官網：https://www.millesime-bio.com/en

僅供葡萄酒業界人士參與的全球最大型有機葡萄酒展「Millésime Bio」。

Zero Compromise Natural Wine Festival 與 The New Wine Festival

　　以琥珀色的橘酒聞名的喬治亞所舉辦的最大自然酒展就是這兩場。由喬治亞自然酒協會（Natural Wine Association）與國家葡萄酒協會（National Wine Agency）所主辦。每年的「Zero Compromise Natural Wine Festival」都會在「The New Wine Festival」之前一天舉辦，每每都能聚集超過兩百間喬治亞酒莊，五月到喬治亞首都 Tbilisi 必能一箭雙鵰！

地點：喬治亞共和國 Tbilisi
時間：每年五月
官網：https://www.winesgeorgia.com/site/event-detail/96

Orange Wine Festival

　　想必大家從酒展名稱「Orange Wine Festival」就可以清楚知道這是以橘酒為主的酒展。每年四月左右都會在斯洛維尼亞美麗的海邊小鎮 Izola 舉辦，展場位於擁有超過五百年歷史的 Manziolijeva palača。酒展囊括了包括喬治亞等不同國家的橘酒。十月則南移到奧地利的維也納舉辦。參展的酒款都必須符合酒展對於浸皮時間、自然發酵與二氧化硫添加量等規範。

地點：斯洛維尼亞 Izola、奧地利維也納
時間：每年四月（斯洛維尼亞）、每年十月（奧地利）
官網：https://orangewinefestival.si

喝　自然（Buvons Nature）

　　2019 年邁入第四屆的「喝　自然」（Buvons Nature）創立於 2016 年秋季，是台灣最大型的自然酒展。每年聚集了台灣進口的自然派酒款，並邀請了遠道而來的自然派釀酒師與會分享，酒迷得以從不同角度，全面認識自然派葡萄酒。

BUVONS NATURE
喝自然葡萄酒展

地點：台北
時間：每年十二月
官網：https://www.buvonsnature-tw.com

字裡行間讀自然

整理撰文・魏嘉儀

2017年，積木文化出版了《自然酒》，是台灣（甚至是全球）寥寥幾本專門介紹自然派葡萄酒的書籍之一。自然派葡萄酒的起步曾受眾人的疑惑與品飲家的質疑，慢慢有了一小群人發現它那讓舌頭一驚、眼睛一亮的奇特美妙，到了今日，世界各地每年總有大大小小的自然酒展，數量與規模也依舊持續增加中。當然，葡萄酒愛好者探究自然酒的好奇心，也越來越強烈。

　　《自然酒》（Natural Wine）、《寫給葡萄酒品飲者的生物動力法 35 問》（35 questions sur la biodynamie à l'usage des amateurs de vin）、《橘酒》（Amber Revolution，中文書名暫譯），是積木文化從 2017 年開始，以每年一本的出版速度，回應葡萄酒讀者對於自然酒的旺盛好奇心。。

《自然酒》

　　本書作者是被譽為葡萄酒界最具影響力女性的伊莎貝爾・雷爵宏（Isabelle Legeron MW），她帶領我們認識什麼是自然酒，以及何謂有機農法與自然動力法。作者在書中寫道，「一切都發生在葡萄樹身上，一切也都在那兒被捕捉，唯有在那裡，我們才能讓葡萄酒的潛力百分之百發揮。」這就是自然派葡萄酒的核心價值，日光來自眾生命賴以為生的太陽，從如同透明篩網的大氣層灑落大地，而葡萄樹向上抓住來自外太空的能量，向下擷取源於地底深處的養分，在每年獨有時空與環境條件之下成長，結成果實，最後透過人類的雙手，幻化成晶瑩酒液，一切都在那兒被捕捉。而本書透過直接訪問每一位在葡萄田裡照顧葡萄樹的自然酒農，讓我們知道他們為何實行自然農法，更蒐羅了各種類型的經典自然酒酒款，讓我們能從這些酒款實際嘗到，當酒農將目標放在讓葡萄果實發揮它們百分之百的潛力時，會是什麼樣的美妙滋味。

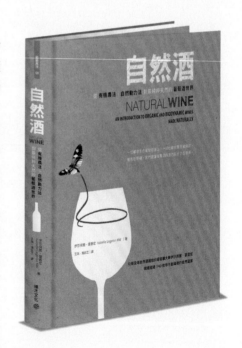

《寫給葡萄酒品飲者的生物動力法 35 問》

「生物動力法」（或自然動力法）這個名詞，不斷頻頻出現在自然派葡萄酒甚或葡萄酒相關文章，然而卻始終帶有難解的神祕感。編輯收到這本書如同一場及時雨，因為作者正是為了回應對於生物動力法觀念混淆的現象，更試著用三十五道關鍵問題，引領讀者開始釐清生物動力法的基本概念。

作者安東・勒皮提・德拉賓（Antoine Lepetit de La Bigne）曾為布根地最頂級的白葡萄酒名莊樂弗雷酒莊（Domaine Leflaive）擔任釀酒主管長達八年，這家酒莊正是投入生物動力法的先驅酒莊。本書將生物動力法的 35 個關鍵問題，清楚地分為四大部分：葡萄樹種植、葡萄酒釀造、葡萄酒品飲，以及生物動力法的歷史與哲學背景，以十分直接了當的方式，回答了幾乎所有葡萄酒愛好者對生物動力法的疑惑。例如，「生物動力法葡萄酒勝於其他葡萄酒？」「有機農法和生物動力法有何不同？」或是「生物動力法有科學性可言嗎？」閱讀本書不僅能更完整了解生物動力法是什麼，更能體會為何這個在整個葡萄酒界迅速擴展的潮流，將是我們與土地的重要連結。

《橘酒》（暫名）

「橘酒」（orange wine）或「琥珀酒」（amber wine）是又一個在不少人心中揚起許多問號的名詞。它是橘子酒？還是澳洲新南威爾斯 Orange 產區酒款？橘酒就是粉紅酒嗎？橘酒在義大利文中優雅地稱為 vino bianco macerato，意思是「經過浸皮過程的白酒」，換句話說，橘酒也就是釀造過程一如紅酒的白酒。而這個看似新穎的葡萄酒，其實背後歷史脈絡與文化積累深厚，而本書也並非僅僅試圖撥亂反正，並為讀者介紹橘酒的相關葡萄酒知識，本書主要內容都集中在深入探討與橘酒心臟地帶相關的人事物及文化。弗留利－威尼斯朱利亞（Friuli-Venezia Giulia）、斯洛維尼亞（Slovenia）和喬治亞（Georgia）等等光是名稱就相當迷人的地方，更深埋著釀酒師在此處歷經的種種豐富故事。作者文筆優美又幽默，在讀懂橘酒之際，也不禁忘情投入如小說般色澤鮮明的精彩故事。

英文版封面；積木文化預計在 2020 年出版繁體中文版。歡迎按讚關注 [f] 積木生活實驗室，得知新書與活動資訊。

自然派葡萄酒是一股慢慢伸出枝枒、長出枝葉的力量，它漸漸在這幾年之間散落各地，並成長茁壯。身為愛酒人的我們，不僅樂見葡萄酒以回歸自然的方式，不斷擴展美味的可能性，更驚訝地發覺自己正加深與大地的連結，這是一場在尋求美味的過程中，逐漸回歸自然的復興運動。積木文化以此三本書，獻給所有在意自己吃了什麼、喝了什麼，並深愛葡萄酒的大家。

季節限定　節慶美味　「世界冠軍」國王派

世界麵包冠軍王鵬傑，歷經 4 年改良的「國王派」，是法國主顯節（1 月 6 日）必吃的節慶點心，在這個團聚歡樂的時刻，最適合與親朋好友一同分享！

積木文化

104 台北市民生東路二段141號5樓

英屬蓋曼群島商家庭傳媒股份有限公司　城邦分公司

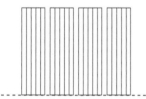

請沿虛線對摺裝訂，謝謝！

部落格	**CubeBlog**
	cubepress.com.tw
Facebook	積木生活實驗室
	facebook.com/CubeZests
電子書	**CubeBooks**
	cubepress.com.tw/books

本期回函抽好禮（即日起至2020年3月31日, 印戳為憑）

· **Sinasera 24** 住宿卷 · **Sfit** 極輕巧隨行保溫瓶 ·
· 「深杯子」布達馬爾它特級冷壓初榨橄欖油球 ·《自然酒》·

填問卷 · 抽好禮！

感謝購買本書，邀請您填寫以下問卷寄回（免付郵資），請務必填寫所有欄位，將有機會抽中積木文化讀者回饋好禮。

1. 購買書名：《飲·自然》

2. 購買地點：□展覽活動，名稱＿＿＿＿＿＿ □書店，店名：＿＿＿＿＿＿，地點：＿＿＿＿＿縣市 □書展
   □網路書店，店名：＿＿＿＿＿ □其他（請說明）＿＿＿＿＿＿＿＿＿＿＿＿＿＿＿＿＿＿

3. 您從何處得知本書出版？
   □書店 □報紙雜誌 □展覽活動，名稱＿＿＿＿＿ □朋友 □網路書訊 □部落客，名稱＿＿＿＿ □其他（請說明）＿＿＿＿

4. 您對本書的評價（請填代號：1 非常滿意 2 滿意 3 尚可 4 再改進）
   書名＿＿＿＿ 內容＿＿＿＿ 封面設計＿＿＿＿ 版面編排＿＿＿＿ 實用性＿＿＿＿

5. 您最喜歡的單元（請填代號：1 非常滿意 2 滿意 3 尚可 4 再改進）
   □封面故事 □釀酒師專訪 □喝自然活動 □阿舍餐桌 □餐桌有酒全台餐廳推薦 □全球矚目有機與自然酒展

6. 您購書時的主要考量因素（可複選）：
   □作者 □主題 □口碑 □出版社 □價格 □實用 □其他（請說明）＿＿＿＿＿＿＿＿＿＿＿＿＿

7. 您習慣以何種方式購書？
   □書店 □書展 □網路書店 □量販店 □其他（請說明）＿＿＿＿＿＿＿＿＿＿＿＿

8-1. 您偏好的品飲圖書主題（可依喜好複選）：
   □葡萄酒 □烈酒 □雞尾酒 □日本酒 □威士忌 □白蘭地 □中國酒 □中國茶 □日本茶 □紅茶 □咖啡 □品飲散文
   □酒類餐搭 □其他（請說明）＿＿＿＿＿＿＿＿＿＿＿＿＿＿＿＿＿＿＿＿

8-2. 您想要知道的品飲知識（可依喜好複選）：
   □品種 □品飲方法 □產地 □廠牌 □歷史 □工具介紹 □知識百科 □大師故事 □其他（請說明）＿＿＿＿＿＿

8-3. 您偏好的品飲類書籍類型：（請填入代號 1 非常喜歡 2 喜歡 3 有需要才會買 4 很少購買）
   □圖解漫畫 □初階入門書 □專業工具書 □小說故事 □其他（請說明）＿＿＿＿＿＿＿＿＿＿＿

8-4. 您每年購入品飲類圖書的數量：□不一定會買 □1～3本 □4～8本 □9本以上

8-5. 您偏好參加哪種品飲類活動（可依喜好複選）：
   □大型酒展 □單堂入門課程 □系列入門課程 □系列課進階課程 □飲食專題講座 □品酒會 □其他（請說明）＿＿＿＿

8-6. 您是否願意參加付費活動：□是 □否；（答是請繼續回答以下問題）：
   可接受活動價格：□300～500 □500～1000 □1000以上 □視活動類型 □皆可
   偏好參加活動時間：□平日晚上 □週五晚上 □周末下午 □周末晚上 □其他（請說明）＿＿＿＿＿＿＿＿＿＿

8-7. 您偏好如何收到飲食新書活動訊息
   □郵件 □EMAIL □FB粉絲團 □其他＿＿＿＿＿＿＿＿＿＿＿＿＿＿＿＿＿＿＿＿＿＿
   ★歡迎加入FB：積木生活實驗室 或 來信service_cube@hmg.com.tw訂閱「積木樂活電子報」

9. 讀者資料
   • 姓名：＿＿＿＿＿＿＿＿ • 性別：□男 □女 • 電子信箱：＿＿＿＿＿＿＿＿＿＿＿＿＿＿＿＿＿
   • 收件地址：＿＿＿＿＿＿＿＿＿＿＿＿＿＿＿＿＿＿＿＿＿＿＿＿＿＿＿＿＿＿＿
   （請務必詳細填寫以上資料，以確保您參與活動中獎權益！如因資料錯誤導致無法通知，視同放棄中獎權益。）
   • 居住地：□北部 □中部 □南部 □東部 □離島 □國外地區
   • 年齡：□15～20歲 □20～30歲 □30～40歲 □40～50歲 □50歲以上
   • 教育程度：□碩士及以上 □大專 □高中 □國中及以下
   • 職業：□學生 □軍警 □公教 □資訊業 □金融業 □大眾傳播 □服務業 □自由業 □銷售業 □製造業 □家管 □
     其他＿＿＿＿＿＿＿＿＿＿＿＿＿＿＿＿＿＿＿＿＿＿＿＿＿＿＿＿＿＿＿＿
   • 月收入：□20,000以下 □20,000～40,000 □40,000～60,000 □60,000～80000 □80,000以上
   • 是否願意持續收到積木的新書與活動訊息：□是 □否

10. 歡迎您對積木文化出版品提供寶貴意見（選填）：＿＿＿＿＿＿＿＿＿＿＿＿＿＿＿＿＿＿＿＿

我已經完全瞭解上述內容，並同意本人資料依上述範圍內使用 ＿＿＿＿＿＿＿＿＿＿＿＿＿＿＿＿＿（請簽名）

自然酒的 10 個關鍵字

撰文・Ingrid

氧化 Oxidation

葡萄酒液會因爲過多氧氣與葡萄酒接觸而產生氧化反應，卽便是年輕的酒款也會失去活潑鮮豔的色澤，並失去新鮮的果味。

氧化風格 Oxidation Style

氧化或許是一種缺陷，但「氧化風格」的酒款則否。部分產區如侏羅（Jura）、雪莉（Sherry）會在釀造過程刻意將葡萄酒暴露在空氣中，創造出帶有杏仁或蘋果香氣的獨特風味。

還原 Réduction

與氧化作用相反，指酒款在瓶中因缺少氧氣而產生的還原反應，常會伴隨著爛雞蛋或腐敗白菜的氣味。

微氣泡 Perlant

自然酒瓶內有時會因殘餘的酵母，生成些許二氧化碳，這樣輕微發泡的口感稱爲 Perlant。

二氧化硫 Sulfites

此爲葡萄酒釀製時常使用的添加物，其抗氧化性質能保護葡萄酒不接觸氧氣。而抗菌特性則能用來消毒釀酒設備，在裝瓶時加入亦可穩定酒質。

酒香酵母 Brettanomyces

簡稱爲「Brett」，常在酒窖占主導地位的酵母菌，容易產生類似馬窖牧場的氣味，而壓過葡萄酒本身的香氣。

鼠臭味 Mousiness

大多在酒中微生物代謝時產生，於酸性的葡萄酒環境下不具揮發性，因此難用嗅覺感知，但酒液入口後就會品嘗得到，特徵是尾韻出現的酸敗牛奶味。

未過濾 Un-filter

多數酒廠會在葡萄酒裝瓶前對酒液進行過濾，除去釀造過程所產生的沉澱物，如酵母殘渣，以確保酒質的清澈度。但也有部分釀酒師選擇不進行過濾，保留酒款的原始風貌與口感。

天然甜葡萄酒 Vin doux Naturel

天然甜葡萄酒（VDN）並非使用自然酒概念釀造的甜酒，而是法國的法定名稱，用來形容莫瑞（Maury）、巴紐（Banyuls）等產區所生產的加烈型甜酒。

酒液黏稠 Ropiness

葡萄酒熟成過程或裝瓶後，酒中的細菌有時會串連起來，使葡萄變得濃稠且帶油性，但口感並不會因此改變。酒液黏稠的現象會隨著時間得到改善。

全台自然酒最齊全
www.iCheers.tw

12/16 – 1/15 iCheers自然酒線上酒展

隔日到貨 / 恆溫恆濕酒窖 / 安心低溫宅配

www.iCheers.tw | service@iCheers.tw

weekday 9am-6pm 02-2926-3667